NASA SP-250

われらの
人工衛星写真

THIS ISLAND

Edited by

Scientific and Technical Information Division
OFFICE OF TECHNOLOGY UTILIZATION 1970
NATIONAL AERONAUTICS AND SPACE ADMINISTRATION
Washington, D.C.

地球

EARTH

ORAN W. NICKS

Preface

This is an age which has seen great strides made in the progress of technology. Perhaps the most symbolic of these advances has been the probe into the previously unaccessible reaches of space. Recent developments have enabled man for the first time to travel great distances in an effort to determine just what lies beyond the confines of his home planet.

Yet even though such journeys take men from the Earth the exploration of space has also made it possible to learn a great deal more about what takes place here on Earth. The view from space provides man with a new perspective of his own environment and as a result helps man to better understand the world in which he lives.

We are therefore pleased to cooperate with Professors Takeuchi, Nasu, and Sekiguchi who have translated this NASA publication into Japanese. We are confident that their work will be of benefit to all those seeking a greater knowledge of the world around them.

Stephen E. Doyle
Deputy Assistant Administrator
for International Affairs

日本語版への序

現代は科学技術が長足の進歩をとげた時代である．それらの進歩のうちで，最も現代を象徴するのは，おそらく，いままでは手を触れることのできなかった宇宙空間へさぐりを入れることができるようになったことであろう．最近の科学技術の発展は，われわれ人間に，そのすみかである惑星＝地球の領域の外側に何があるのかを確かめるために，超高層を飛行することを可能ならしめたのである．

このような宇宙飛行は，人間を地球から外へ連れ出したが，こうした宇宙探査はまた，地球上で起っていることがらについて多くを知ることも可能にしたのである．宇宙空間から地球を見ると，われわれ人間は自分自身の環境について新しい見方をすることができるようになり，その結果として自分たちが住んでいる世界をよりよく理解できるようになるのである．

それゆえ，われわれはNASAのこの本を日本語に翻訳する労をとられた竹内，奈須，関口三教授に協力できたことを喜ぶものである．われわれはこの本が，人間を取り巻く世界をよりよく知ろうと求めているすべての人々に役立つであろうことを堅く信ずるものである．

ステファン・E・ドイル
国際部副部長代理

序

科学が加速度的に進歩する中にあって，宇宙へ出て行くようになって10年たらずのうちに，さまざまなできごとがなだれのように押し寄せたので，個々の，その時その時には里程標のように打ち立てられたできごとも思い出すことは難しい．

人類は月面を歩きそこから月の物質を持ち帰り，感度の良い科学実験装置をすえつけてきて，それらは人間が地球にもどった後も送信を続けた．科学宇宙衛星は地球付近の宇宙の物質や場を調べて図をつくった．また，太陽と星について新しい発見を行った．無人宇宙船は火星と金星の近くまで飛んで，幾千万km以上も離れたこれらの天体から画像や資料を豊富に送り返してよこした．これらすべてのことは短期間に成就され，また，同様な注目に値する画期的な実験が70年代に計画されている．

新しいフロンティアはこれまで常に文明が進歩するための触媒となってきた．わが国の歴史家たちは，地理的なフロンティアへの挑戦はわが国民のエネルギーとあふれるような力，強い好奇心と勇気，発明の才と独創力とに負うところが大きいとしている．西部の諸州が安定し発展することは米国民の若々しさに終止符を打つことであり，生き生きした自信に満ちた光景はもはやもどって来るまいと危惧の念を抱く人もいた．しかし今や新しいフロンティアが開かれた．それは宇宙というフロンティアである．このフロンティアはわが米国民の成長に新しい刺激を与えてくれる．そしてその動機は崇高なものである．すなわち未知を探究し，知識をひろめ，新しく得たものをすべての者の向上のために利己心を捨てててわかちあうことである．

この本は，われらの地球を太陽系の中の近隣の惑星との関連において扱ったものである．大気の上を飛び宇宙を旅するという人間の新しい能力が，本拠たる地球を評価する新しく価値ある方法を人間に与えてくれたということはやや逆説的である．軌道の高さから地球を見る時，目とレンズは日々地上の人類に影響を与えている情緒や情熱を見はしない．経済的，政治的，社会学的緊張状態も見えない．しかし自然と人間の力が地球の表面にもたらしたさまざまな変化は，地球をめぐる衛星軌道という相当な距離をおいたところからこそ一番よく理解することができる．この本にかかげられているような写真は私たち人間の諸活動と私たちの環境との関係についての理解を増してくれる．

1970年代の世界は，1960年代の世界と大きく違ったものになるであろう．そして世界におけるさまざまな変化の多くは，私たちが突然獲得したこの新しいものの見方の直接の結果として起るだろう．1980年代の世界はさらにもっと違ったものになるだろう．過去10年に学んだいろいろな教訓を心に留め，私たちが宇宙へ出て行くという冒険をあえてしたのと同じ精神と決断力と手腕とをもってわれわれのかかえる多くの問題にいどみ，私たちはこの「宇宙の中の一つの島たる地球」をより住みよい惑星にすることができよう．

1970年10月

ジョージ・M・ロー
米国航空宇宙局
局長代理

はしがき

本書はアポロ号の宇宙飛行士ボーマン，ロベル，アンダースの言葉に示唆を受けてできた．かれらは1968年のクリスマスに，地球を惑星の一つとして見，描写してみせた．かれらが目でじかに見たことの報告は，何百万の人々にわれわれのおかれている状態を真に迫って感じとらせてくれた．宇宙という沈黙の海に永久に浮んでいるのだから「島」と言ってもよいこの地球の上にだけ人間がいるのだということである．

この体験の延長を本書が提供してくれる．これはわれらの島「地球」とそこに住むわれわれの生活を，主としてアポロ宇宙船が撮影した，宇宙から見た地球の写真を提供することによって，正確に遠くからながめようという計画を試みるものである．ここに載せられた写真の多くとたくさんの情報は科学的に重要な意義を持つものであるが，本書は米国の宇宙計画の与えてくれる一番の利益——人類の宇宙において占める位置を冷静に認識すること——をすべての人々とわかちあうために書かれた．

月の近くから見た地球の写真が手に入っていれば，地球を外からながめるのに役に立ったであろう．しかし地球が，わが太陽系の巨大な惑星と比べた場合，おそろしく微々たる存在であるということを表現し，ほかの星から接近した場合，わがふるさと地球がこう見えるのだということを示してみせるには想像力に訴える必要があった．地球と一緒に太陽のまわりを回る軌道に乗って，探検者が地球と月の比較的近くまで来て初めてその両者の相違点が明らかになった．そして地球のまわりを低い位置の軌道で飛んで詳細な観察が行われて初めて人間の働きのあとがはっきりと示された．この本の大部分は比較的近い軌道からの写真をもっぱら載せており，また低い位置の軌道からのながめにだいたい限られている．それでも，これらの写真は，地球上の驚異と人類が手に入れることのできる資源をはっきりと見せてくれる．そのうちのいくつかを見ると，私たちはこれらの資源が限られていることに気づかせられ，また人間がその環境をいじめているということに気づいて衝撃を受ける．

宇宙飛行士たちが宇宙から地球を見て述べた描写，宇宙から送ってきた写真，これらの体験をほかの人々とわかちあいたいという強い願いが本書を準備させることになった．多くのNASAの仕事と同じく，この仕事も一つのチームの労作である．数名の者がそれぞれの本務を離れ，胸おどらせる大目的に喜んで捕われの身となって参加した．計画はだいたい協議して立てられた．個々の労作はこのグループが具体化し完成した．このチーム自体を「この人達」と限って示すことはできない．なぜなら，このチームという中には，この内容を書くことを可能にした何千という人々全部を含めて考えられるべきだからである．

このチームにいた人達の多くが今は宇宙の探究と利用を続ける計画と準備に従事している．火星へ人を送ること，月への飛行を続けること，地球軌道における作業ができるようにする方法の開発などがおもな計画である．宇宙往復飛行を低コストで行うよう輸送の問題にも重点をおいているので，きっと人類がその近隣という範囲を近くの惑星にまで伸ばそうという活動が促進されるだろう．人間の本性として，もう引き返すということはないのである．すでに月は，アラスカかハワイがもはや遠隔の植民地ではなくて最終的に合衆国の一部になっているのと同じ意味で，全人類の土地の一部として受け入れられているに違いないのである．

1970年10月

オラン・W・ニックス

高等研究技術局次長代理

訳　者

竹内　均　東京大学名誉教授・理学博士　1章（担当）

関口　武　前筑波大学地球科学系教授・理学博士　2,5章（担当）

奈須紀幸　東京大学海洋研究所教授・理学博士　3,4章（担当）

（翻訳順）

目　　次

太陽と呼ばれる星の近くで　2

太陽を取り巻いている圏内では，地球と月の「二重惑星」がとくにきわだっている．

休みなく動く大気　18

その動きはわれわれ人間にいずれも影響を与えている．新しい技術の開発により，われわれは大気の無数の変化をある程度読むことができるようになりつつある．

地　球　の　水　44

すべての生命は水の中で芽生えた．しかしいまだに海はわが惑星の中では最も未開発の資源である．

地 球 の 陸 地　68

高い陸地や乾燥した土地，それに河川のたたずまいは過去になにごとが起ったのかを私どもに語りかけてくれる．

人　間　の　手　102

在来の人間活動は地球の表面をわずかにひっかいている程度であったが，最近では，それがしだいに地球に影響を与えるようになりつつある．

AS11-36-5345

雲の渦巻く青色をした惑星である地球に近づきながら，遠い空間からの旅行者は，この太平洋の写真に示されているように，地球の表面には圧倒的に水が多いことを知るだろう．右上に見える北アメリカの西部では午後で，左下に見えるオーストラリアでは次の日の真昼である．てっぺんには北極の氷が白く輝いている．

1

太陽と呼ばれる星の近くで

> 永遠の静寂の中に浮んだ，小さくて青くてきれいな，ありのままの地球をながめることは，その地球の上に住んでいるわれわれ自身をながめることでもある．われわれは，永遠の冷たさの中にある輝いた点の上に住む兄弟である．われわれ自身がそのことをよく知っている兄弟である．
>
> アーチボルト・マックベーシュ

花園を散歩してその色と香りを楽しんでいる人は，土の上を急ぎつつある蟻，あるいは大空高くゆっくりと飛んでいる鷹のそれとは異なった自然の感じ方をする．すべての生物は，全体のごく一部にすぎない実在や，感覚をつくり上げる感覚器の反映である共存するものの一部や，その位置や視野を見るだけである．彼らが感じる実在が花園であるか惑星であるかを問わず，新しい観点は新鮮で輝きに満ちた洞察を与える．それはちょうど一つの山の縮尺模型をつくり，その模型の中での彼の故郷の谷間の位置を知った最初の有史以前の人間が，そのパノラマによって理解に対する大きい助けを得たのと同じである．宇宙探査の新しい技術は多くの報酬をもたらした．しかし，その報酬の中では，われわれの惑星である地球に対する豊かで新しい展望が最大のものである．

1970年代の初めには，12人の人間と数少ない自動宇宙船だけが，地球の自然の衛星である月の軌道から，地球を見ることができた．数十万kmに達する距離から彼らのレンズがとらえた像のいくつかが，これまでのページにおさめられている．これらの写真がこれまでに与え，またこれから与えるであろう衝撃は，ほんの不完全にしか理解されていない．すでに1948年に，イギリスの天文学者であるフレッド・ホイルが次のように予言している．「ひとたび地球の外からとった地球の写真が手に入るようになり，それによって地球が空間に孤立していることが明らかになれば，これまでの歴史に現れたのと同じくらい強力な新しいアイデアが現れるだろう」．地球の写真が与えるいくつかの影響が，1970年３月20日の「サイエンス」のレター欄で暗示されている．すなわち，ジョン・カフレーがその手紙の中の一部で次のように述べている．

> ……人間環境に対する私の興味が再び目ざめたのは，アポロ８号が飛びながら写した地球の最初のきれいな写真を見てからである．私の考えでは，これおよびこれ以後のアポロ飛行の際にとられた地球の写真によって，多くの人々が初めて，地球を全体として見たことになる．数十億人の人がかかわりを持つ一つの環境として地球を見ることは，これまでにない奇妙なことであった．

アフリカが前景にあり地中海の全部がきれいに写った写真はとくに畏怖の念を引き起す．それは全地中海を一望の下に見渡す．それは地図のように，地球の外

高所観測所　太陽はそのまわりを流れのように放射するコロナで取り囲まれている．この図に示したコロナは皆既日食の際に撮影されたものである．明るく見える範囲を補償するためにゴードン・ニューカークJr. によってつくられたこの写真は，放射状回折フィルターを通してとられたものである．

に目をおいて見たものである．しかし，それは描かれた地図ではない．学校で普通に教えられた歴史の大部分は，この小さい海のまわりで起ったことである．それはこの半球の中の単なる点にすぎない．しかし，かつてそこに住んだ人々は，これが全世界であると考えていた．

青緑の鋭いカーブを越えた暗黒の中で，大気の薄いおおいとかたい地球とが交わる場所を見ようとしても，ただ「もろくてこわれやすい」という奇妙な言葉が頭に思い浮ぶだけである．地球の上に住みながら，それがもろくてこわれやすいと考えることはおかしなことである．しかし地球の外から地球を見，それをすでに死んだ月と比較する！私の直感が当っているとすれば，このこわれやすい環境を，もしそれができるとして，そのまま全体として保とうと試みるこの突然のインスピレーションこそ，アポロ計画がもたらした最大のそして永遠に続く恩恵である．

しかし，展望には変化があり，また人間の野望のスケールは高速度で拡大していく．未来の世代たちは，過去10年間の人類の偉大な飛躍を歴史的なものとして記憶するであろう．しかし今世紀が終るよりも前に，この事件のスケールは小さいものになってしまうだろう．広大な空間の中では，月は地球のすぐ近くの天体にすぎない．そしてわれわれに理解しやすい海の例にたとえると，人類による最初の月着陸は，丸木舟をこいで沖合いにあるすぐ近くの島へ最初にたどりついた３人の勇敢な男たちの冒険といってよい．米国航空宇宙局(NASA)の管理補助者であるホーマー・ニューウェルが言っているように，人類にとって太陽系はす

「アメリカの科学と技術」誌

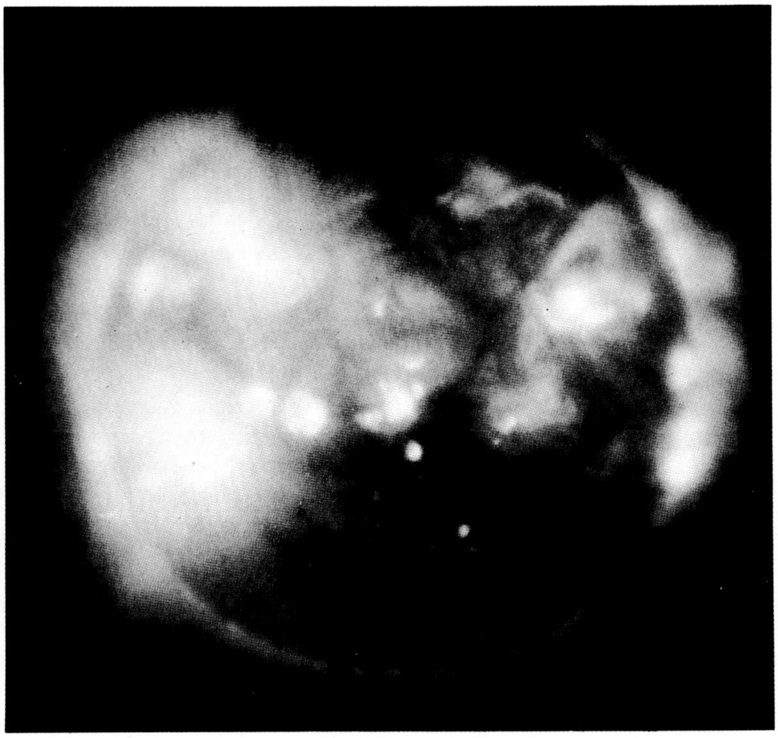

太陽のX線活動を示すこの写真は，X線をさえぎる大気の上へ打ち上げられたロケットに載せられたX線望遠鏡を用いてとられたものである．力の場と似た，X線放射のループのような大きい構造に注目せよ．

ハイアカラ観測所

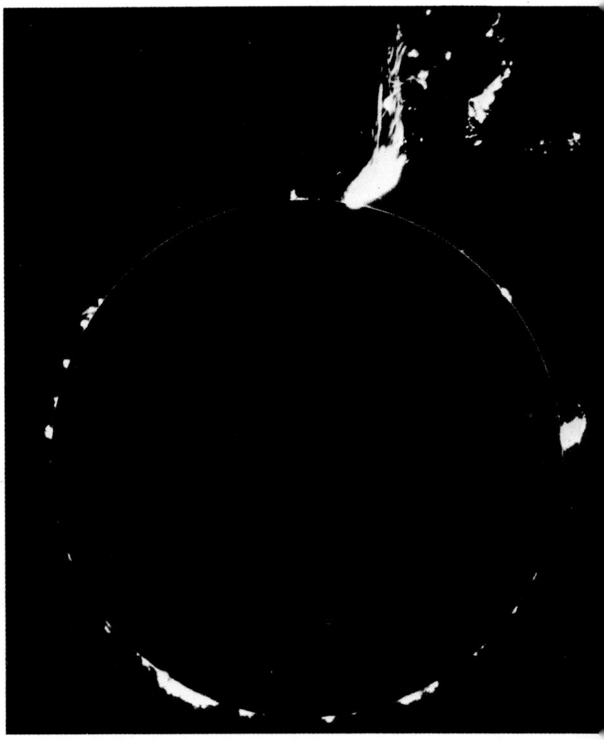

1969年3月1日に太陽の上で起ったスプレーのようなフレアー．太陽のフレアーは数分間たちのぼり，数時間をかけてゆっくりと衰えていく．

ぐ近所といってよいものになりつつある．しかしその太陽系の中で，われわれは無限の距離と時間に出会う．このことを考えると，先に述べた海の例はより適切なものとなる．

新鮮な目でもってわれわれの近所を見る一つの方法は，遠くからそれに近づくことである．宇宙空間の想像も及ばないような距離を横切って太陽系へ近づきつつある宇宙船を考えてみよう．あまり細かい点まで想像する必要はないけれども，その宇宙船には，われわれから4.3光年離れたアルファーセンタウリBのまわりを回る惑星からの地球外人間が乗っているとしよう．彼らは炭素-酸素-水素からできた生命形態であり，彼らの故郷の惑星での科学はすでに3000年に近い歴史を持っており，次に述べる四つの強力な理由によって，この危険で費用のかかる旅行を計画したと想像しよう．理由の第1は，のちほど太陽と呼ばれるよ

ストラトスコープ（成層圏望遠鏡）計画

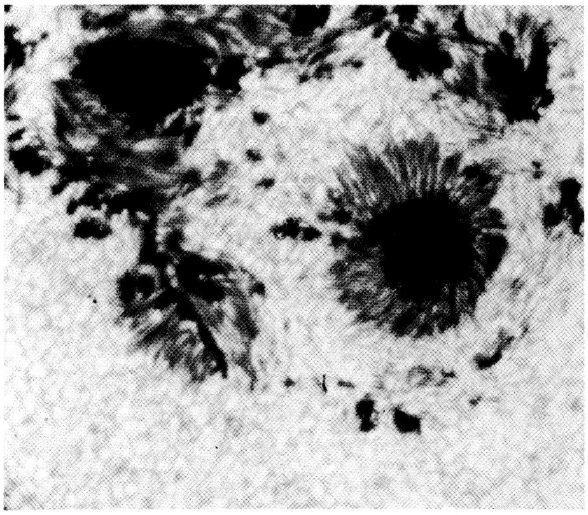

太陽大気の目に見える最も下の部分は粒状で絶えず変化している．より低温の黒点の寿命は数カ月である．

うになり，またシリウスに似た輝きを持った星を研究してきたこの惑星の科学者たちは，40兆4600億km離れたところにあるにもかかわらず，この星が銀河系の中で彼らに最も近い隣人であると結論したからである．この輝く星の見かけの運動を注意深く観測して，彼らは旅行をすべき第２の理由を得た．すなわちこのような見かけの運動は，そのまわりを回る目には見えないけれどもかなりの質量を持った惑星の存在を考えることによってみごとに説明される．

そしてこのような惑星の上でだけ，生命と呼ばれる有機細胞の複製という不思議な現象が存在する．この明るい星の近所からやって来る奇妙な電磁波の放射を探知したというのが，彼らの第３の理由である．この惑星上に住む学者の感じでは，その放射にはでたらめとは考えられない一種の規則正しさがある．この箱船に乗って彼らが宇宙へ乗り出した最後のそして最も強力な理由は，この明るい星の近所を探ることを可能にするような技術を，最近彼らが獲得したからである．知識の探求者として，彼らは研究可能なものを研究し，それについて学ぶべきだという確固たる信念を持っていた．

アルファーセンタウリの近所からやって来たわれらの訪問者たちは，社会情勢の健康さがそれを許すとして，われわれが次の世紀の初めに持つであろう程度の知識と技術をすでに持っていると想像される．もし彼らがそれを持っていなければ，そもそもどうして彼らがここまでやって来たのかが理解しがたい．

宇宙空間の冷たい距離を横切って太陽へ近づきながら，彼らの宇宙船に載せられた機械はいったい何を見るであろうか．われわれの銀河系である銀河では，太陽はそれと似た1000億個もの星の中の一つであり，「天界の浜辺の砂の一粒」にすぎない．このほとんど想像も及ばない星の大集団は円盤の形をしている．その直径は約９万光年で，厚さはそれよりも少し薄く，全体として回転している．中心からはかなり離れたところにあるけれども，これまで得られた知識からみて，太陽はまったく平均的な特徴を持っている．それはある星よりも大きいけれども，他のある星よりは小さい．またある星よりは高温であるけれども，他のある星よりは低温である．その年齢は50億年よりも若く，それは中年といってよいものである．それは天界の数多くの水素融合反応炉の主系列の中間近くにいる．星の死を特徴づけるあの突然で退化的な過程を経験するには，われわれの太陽はまだ数十億年も若すぎる．その色においてもまた，太陽は，ちょうど道の中間にいる．すなわち，最も高温の星の白熱した青白色と，見ることのできる最も低温の星のかすんだ赤色とのちょうど中間の黄白色をしている．非難よりもむしろ展望の意味を込めて，哲学者のアルフレッド・ノース・ホワイトヘッドがかつて次のように言ったことがある．すなわち，われわれは「第２級の太陽のまわりを回る第２級の惑星の上に住んでいる」．これはホワイトヘッドが彼の文章の前後関係から必要とした判断である．しかし，それはわれわれの太陽と惑星に対して公正を欠いた判断でもある．太陽の特徴をほんの少し変化させても，それはその第３番目の惑星である地球上で進化した生命にとって不利益をもたらす．

非 凡 な 星

太陽の特徴がごく平均的であるとしても，それから太陽が穏やかでおとなしいと結論してはならない．それどころか，太陽は直径140万kmの荒れ狂う原子炉であり，１秒間にその質量の４トン以上を消費している．それは地球のおもなエネルギー源である．われわれの食料も化石燃料もすべて太陽エネルギーの産物である．人間を含むすべての生物が太陽に依存している．太陽は可視光を放射するだけでなく，Ｘ線を含む他のすべての電磁波をも放射する．地球上での最大の加速器だけがわずかに模倣しうる程度の高エネルギー粒子をも，太陽は放出する．それは複雑で乱れた大気，強い磁場およびそれを取り巻くコロナを持っているコロナは太陽の大気の外の部分を占める真珠色に輝く高温度のプラズマである．それは何百万kmにわたって広がり，やがて１兆4900万kmかなたにある地球を越えて前進する高エネルギー粒子からなる広くゆきわたった太陽風となる．

カタリナ観測所

ローウェル観測所

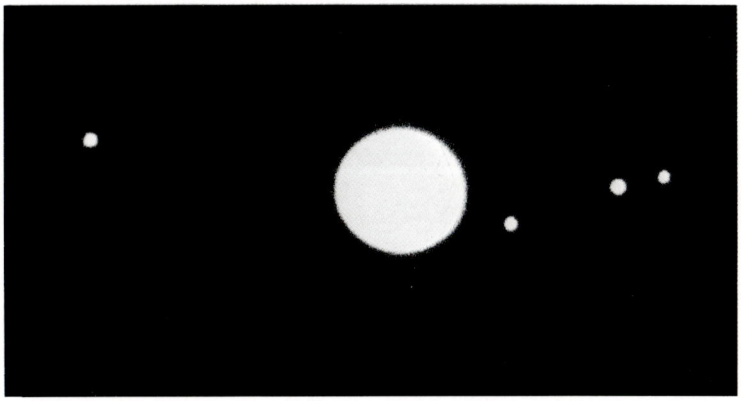

太陽系の中での最も大きい惑星である木星は，熱心に研究されたけれども，まだあまりよく理解されていない．1968エクタクロームでとられたこの写真の上部３分の１のところに見えるだ円形が大赤点である．その下の黒い円盤は木星の衛星であるイオの影である．イオそれ自身は，３㎝右により明るい色の物体としてかすかに見えている．

右の写真では，木星の12の衛星の中の最も大きい四つが木星のまわりを回っている様子が示してある．それは太陽系のミニアチュアのようなものである．ガリレオをして惑星の中での地球の位置についての明らかな考えをいだかせたのはこのような写真である．

平均的ではあっても，太陽はけっして平凡な星ではない．

太陽がそれを取り巻く複雑な惑星のシステムという非凡な特徴を持つ（あるいは持たない）ことを知るには，われらの訪問者は，比較的その近くまで接近しなければならない．数学者の計算によれば，60インチの宇宙を飛ぶ望遠鏡を使って，太陽の最も大きい惑星である木星を探知するには，それから半光年の距離まで接近しなければならない．そこまで接近しても，木星の像とその背景にあるそれと似たかすかな物体とを区別するのは困難である．木星が円盤であることを見出すには，それから90天文単位のところまで近づかなければならない．天文単位は地球と太陽との距離を表す．小さい惑星である地球の青白色の円盤を認めるには，それから約7.6天文単位のところまで近づかなければならない．地球外からの研究者が太陽系を十分に見られるくらいに接近して初めて，目に見えない重力の糸で結び合わされ，ニュートンの法則に従って運動する太陽系の複雑な質量が現れる．明るく輝く太陽は，なんらかの方法によって，変化に富んだ九つの球の集合を獲得した．そのあるものは明らかに固体であり，他のあるものは気体のベールをまとっている．しかしそれらのいずれもが，異なった距離と速度を持って太陽のまわりを回っている．それらの惑星はほとんど同じで少しばかり異なった平面の上を運動している．その軌道はだ円形ではあるが，ほとんど円形といってよいものである．その大部分は，太陽のまわりを公転するだけでなく，少しずつ傾きの違う極軸のまわりに自転している．この独立な極軸のまわりの運動をなくして外部から束縛された自転をしている惑星は，ほんの少数である．さらに驚くべきことには，太陽系の九つの惑星のうちの少なくとも六つが，それ自身の衛星を持っている．太陽系の中でのサブシステムの複雑で偉大な設計に従い，少なくとも32個のこのような衛星が惑星のまわりを回っている．

この明るい星が従えている奇妙で美しい集団に直面して，われわれのセンタウリからの研究者たちは，黄道面上に乗り，太陽の惑星たちを調べながらよりゆっくりとした速度で運動する．それは新しい時代の幕あけと言ってよいものである．

孤独な前哨

接近した時の惑星の位置（および活発であると不活発であるとを問わず，センタウリからの訪問者の感覚器の特徴）によって，訪問者が最初に何を見るかが異なってくる．太陽から最も離れた孤独の前哨ではあるけれども，彼らは冥王星には気づかないだろう．この地球大の天体は，太陽から約58億km離れただ円軌道の上を運動している．中心の火からはあまりにも遠いために，その温度は－210℃である．また太陽からあまりにも離れたところを，あまりにもゆっくりと動いているために，冥王星の1年は約2.5世紀である．仮にそれが認められたとしても，たいした注目を集めないだろう．ハーバードの天文学者であるフレッド・ホイップルが言っているように，冥王星は「理解しがたいほど荒涼としている」から．

センタウリからの研究者の目をもっとひきそうなのは，次の四つの惑星である．そのいずれもが奇妙で不気味な，ガスをまとった巨人である．より外のペアーである海王星と天王星はふたごと言ってよいものである．地球の直径は1万2754kmだが，その直径は約4万7000kmである．二つの大変異なる衛星を持っていることもあって，海王星の方がより注目を集めるだろう．衛星のうちの一つは，大きく，地球の月よりもより大きくまた惑星により近いところにある．もう一つは直径数百kmの点と言ってよいものであり，約560万kmの距離を隔てた軌道上を運動している．奇妙なことに，より小さい月が普通の順まわりに回っているのに対して，より近いところにいる大きい月は逆まわりに運動している．太陽系でよく見られるこのような異常は，われわれの世界がどのようにしてできたかに関する納得のいく理論を考え出そうとする人たちにとっては知的な挑戦である．

天王星は緑白色に輝く巨人であり，冷たくて神秘に満ちている．それはエアリエル，アンブリエル，チタニア，オベロンおよびミランダと呼ばれる五つの衛星を持っている．

土星はしま模様を持った金色の球であり，そのまわりを氷のように白い輪で取り囲まれている．この写真はカタリナ観測所の61インチ望遠鏡とエクタクロームとを用いて，1968年10月14日にとられたものである．幾何学的に見て完全な輪は土星の証明書と言ってよいものである．あまりに薄くて写真にはとられないけれども，より内部に二つの輪があることが観測されている．

カタリナ観測所

研究者の興味を最もそそるのは，軌道面と約98度の傾きを持った，軸の驚くべき傾きである．天王星はそのへりの上で急速に自転しながら太陽のまわりを回っている惑星である．

これらの冷たくて遠く離れた天体は謎に満ちたものであるけれども，センタウリからの訪問者の興味をよりそそるのは，その次にくる二つのガスをまとった巨人であろう．土星は大変に大きく，その直径が12万kmを超え，黄緑色をしている．機械の分解能に近い距離から最初に見た時には，土星は奇妙にずんぐりした形に見えた．最初のガリレイ望遠鏡を使って地球上から見た土星の絵は，大昔の水差しによくある奇妙なとってのように見えた．よりましな機械を使うか，あるいは太陽系外の訪問者の場合には近い距離から見ると，このように見えた理由が明らかになる．ホイップル教授は地球から見たその形について次のように述べている．

……望遠鏡を使って見られる数多くの天体の中で，最もきれいなのは多分土星である．空がまだ明るい夕方の光で見ると，黄金色の球と想像を超えたくらいにきれいなその輪が，自然現象というよりもむしろ貴重な芸術品のように，輝くばかりの青色の中で光を放っている．木星のそれよりもさらに一様な薄い影のさした表面のしまは，大きい輪に平行に走っている．ごくまれにではあるが，表面の細かい模様が見え，それによってこの巨大な球が急速に自転していることがわかる．中心部の輝きは円盤のぼんやりとしたへりの部分へ向けてだんだんと薄くなり，輪のへりの部分は大空と溶け合っているように見える．

太陽系の中ではこの奇妙な輪は独特の位置を占めている．その最大直径は27万5000kmであり，また大変に薄くて端から見るとほとんど見えないくらいである．初めのころその厚さは数kmと見積られた．しかし最近になってこの見積りが大きかったことがわかった．現在の見積りでもまだ厚すぎるのかもしれない．その内外のへりは大変に薄くて，それを通して向う側の明るい星が見られるほどである．円板のように見えるけれども，工夫をこらした分光観測によって，それが剛体ではないことがわかっている．分光学的ドプラー効果によって，輪の外のへりが内のへりと同じ回転周期を持っていないことがわかった．もし輪が剛体であれば，その回転周期は同じはずである．実際には外のへりは内のへりよりも小さい速度で回っており，ケプラーの運動法則に正確に従っている．したがって輪は一続きではなく，粒子の大群が平たく集まったものである．その一つひとつが土星の小さい衛星と言ってよい．粒子の分光学的特徴は霜のそれと似ており，氷のかけらが霧状になり，土星が過去に経験したなんらかの激変によって運動状態に置かれたものであろう．土星はそれ自身の10個の衛星を持っており，太陽系のミニアチュア版と言ってよい．衛星の中で最も大きいタイタンは，地球の月より大きいだけでなく，水星よりも大きい．それは太陽系の中で大気(おそらくはメタン)を持ったただ一つの衛星である．海王星と同様に，土星の衛星の一つは逆向きに公転している．われわれの月と同様に，土星の衛星のいくつかは捕獲された形の軸運動をしている．衛星の一つであるヤペタスは奇妙な特徴を持っている．すなわちその一方の側が他の側よりも反射率が5倍も大きい．その理由についてはただ推測するよりほかにしようがない．なんらかの激しい衝突によりその形が欠けたのであろうか．土星のエネルギーのなんらかの突然の爆発によってそれが黒くなったのであろうか．

木星の上の巨大なあらし

さらに内側にくる惑星は木星であり，それは太陽から7億7900万kmの距離にある．ガスに取り囲まれた木星の質量は地球のそれの約318倍である．他の惑星の質量を全部加え合わせたものの2倍もある木星の質量は，太陽系の中では太陽に次ぐ影響力を持っている．それは直径約13万8000kmの黄白色の球であり，9時間55分の周期でその軸のまわりに自転している．このために生じる速度によって赤道がふくれ上り，また極の部分が偏平になっている．木星は高度に活動的な惑星である．それは地球のそれの10倍以上の強さの磁場を持っており，また多くの異なった周波数の強力な電波を放射している．木星から放射される雑音に似た爆発のあるものは，その電磁気的特徴が巨大ないなずまを伴ったあらしに似ている．木星は太陽から受け取るよりも著しく大きいエネルギーを放射している．このことはその内部の巨大な圧力のもとで，重力あるいは熱核反応が起っていることを暗示している．

地球から望遠鏡で見ると，木星の濃い大気は，赤道に平行なスレートのような青色あるいは鮭のようなピンク色の帯状になって配列している．メタンおよびアンモニアを示す兆候もあるけれども，木星大気の主成分は水素である．木星上の雨や雪にはアンモニアが混じっている．仮にそれがあるとしても，木星の表面を見た人は誰もいない．奇妙な繰返しをするしるしが大気のまわりを回っている．300年以上にわたって，人類はその大赤点を観察してきた．それは4万kmの長さと1万3000kmの幅のだ円形をしており，その緯度が少し変化し，また経度が大きく変化している．この大赤点を理解するための凝った工夫がなされた．現在，それはある成分のガスの対流的な円柱であると考えられているけれども，それの実体についてはまだ誰も知らない．

その大質量にふさわしく，木星は12個の月を持っている．それは太陽系の中での最大の衛星集団である．木星から約2200万km離れたところを回っている外側の四つの衛星は逆まわりをしている．残りの八つの衛星は順まわりである．1609年に原始的な望遠鏡を使って，ガリレオは内側の4個の衛星を発見した．それらは地球上から双眼鏡を使って容易に見ることができる．すぐ近くにある木星の輝きでおおい隠されなければ，それは双眼鏡なしでも見えるはずである．この四つの衛星のうちでイオ，ガニメデおよびカリストの三つはわれわれの月よりも大きい．実際に探知されてはいないけれども，ガニメデは十分に大きいから，もしかすると大気を持っているかもしれない．内側の四つの衛星は，木星の蝕をつくり，また木星によって蝕をつくられている．それらは太陽系の中での最大の見物といってよい．長い間天文学者たちはこれらの衛星の謎と取り組んできた．1675年にデンマークの天文学者レーマーが，これらの衛星の軌道周期に見かけ上の不規則性があることに気づいた．彼はこの現象を木星と地球の間の距離の変化と関係づけた．

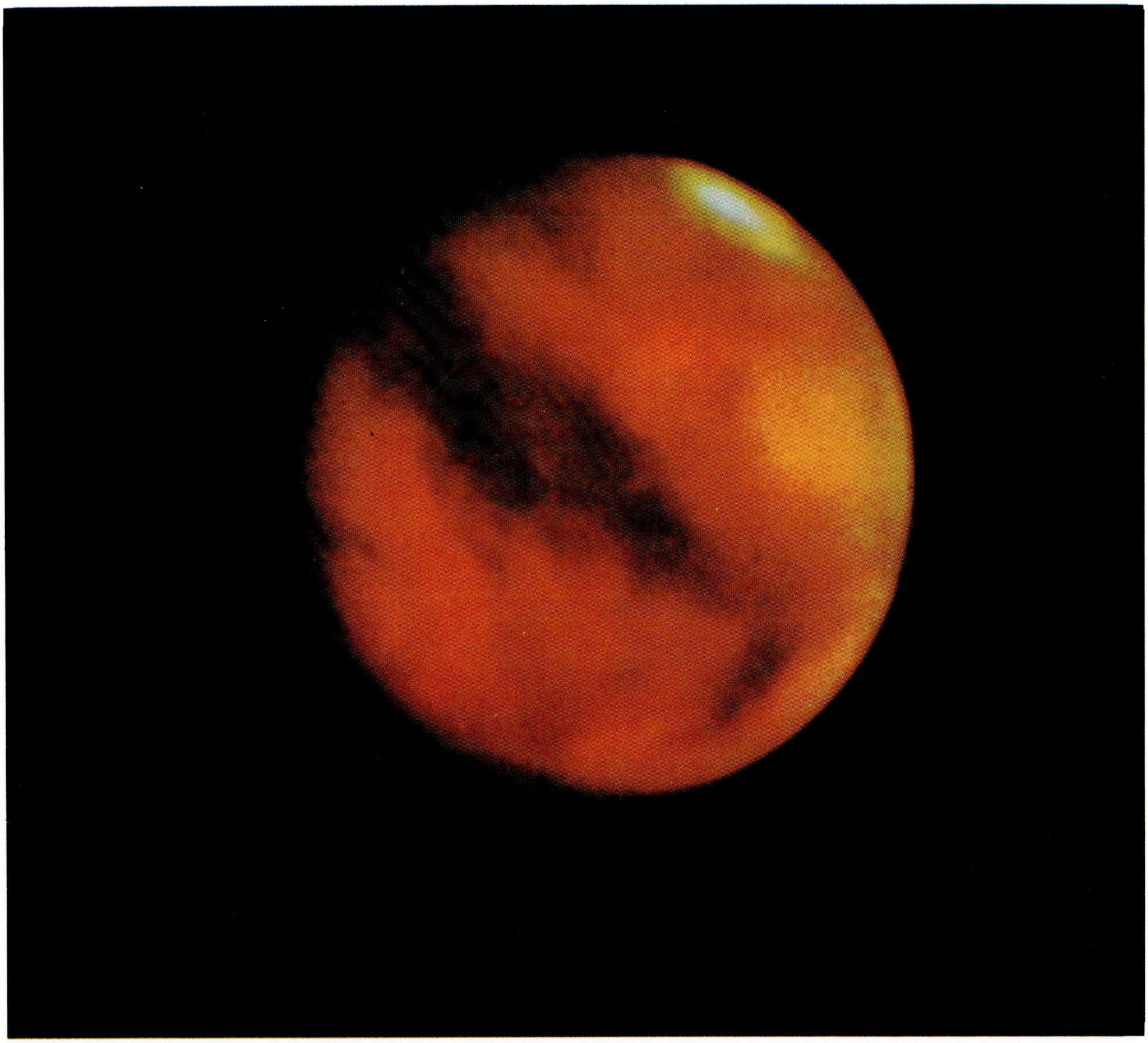

ジェット推進研究所

これは今までにとられた火星のカラー写真の中で最も良いものである．この写真は1956年8月に，カリフォルニア工科大学のロバート・B·レートンによってとられた．ウィルソン山の60インチ反射望遠鏡を21インチにカットし，タイプAのコダクロームで20秒間露出して，この写真がとられた．南極の極冠が上部に見える．

困ったことに，金星が地球から見て最も良く照明されているのは，それが地球から最も遠いところにある時である．最も近いところにある時には照明が最も悪い．地球から金星までの距離は約4200万kmから2億6000万kmまでへと変る．金星の大気の密度が異常に大きく，

そして以前に考えられていたように，光は瞬間的に伝播するものではなく，ある速度を持っていると考え，かなりの正確さでその速度を計算した．それは驚くべき知的業績であり，理性の力の輝かしさを示したものである．

一群の小惑星

木星の大質量と強い重力は，一群の衛星をその周囲に集める以上の仕事をした．太陽系の起源を論じているある理論家たち（天文学における考古学者）は，太陽の惑星たちの公転面が驚くほどよく一致しているのは木星のせいかもしれないと考えている．それは単なる偶然では起りそうにもないことである．太陽系の中で最も大きくはずれた公転面を持っているのは冥王星と水星である．それらは太陽系の最も内側と外側とにあり，木星の影響を最も小さく受けている．他の理論家たちは，木星の影響は太陽から4億2000万km離れた木星の内側のところに現れていると考えている．ボーデの法則と呼ばれるある法則によれば，そこには1個の惑星があるはずである．しかし実際にそこにあるのは小惑星の大群である．

人間のまわりにある他のものと同様に，小惑星は秘密に満ちている．その中で最も大きいセレスでもその直径は770kmにすぎない．パラスおよびベスタの直径はそれぞれ490kmおよび390kmである．太陽系の探求者たちが小惑星を一つの帯として認めるかどうかはよくわからない．おそらく彼らはそれが帯であることに気づかないだろう．地球上の望遠鏡を使ってみても，1ダース程度の小惑星が円盤として認められるにすぎない．その他のものは光の点といったところである．ある小惑星の明るさは規則正しく変化する．これはその小惑星が球形ではなくて，ほおり出された岩石の不規則な形の山程度の大きさのかけらであることを暗示する．このように比較的小さい小惑星の数は5万個以上もある．そのうちのベスタだけが直接目で見える．残りの大部分は写真を用いて発見されたものである．これらの小惑星の集団を，ある大事件の後で生き残った太古の惑星のかけらであると考えたくなる．この場合の困難は十分なかけらがないことである．小惑星を全部集めてもその質量は地球の3000分の1程度である．同程度に不十分な点を持ったもう一つの解釈では，小惑星を惑星以前の物質であると考える．木星の引力のために，それらの物質が集積して惑星にならなかったというわけである．小惑星のサンプルが集められ研究が進めば，やがてそれらは謎ではなくなり，惑星の歴史を解く重要な鍵となるかもしれない．小惑星はまた違った目的にも役立つ．想像力を持った技術者たちは，ある小惑星が宇宙基地として役立つと考えている．それらは十分に大きくて保護的な避難所となり，またその大きさも重力も適当に小さいために，そこへ到達したりそこから出発するのに大きいエネルギーを要しない．

ここで，地球外からやって来た研究者が太陽系を偵察す

ほとんど光のへりのように見えることが，最後の写真からもうかがえる．

ローウェル観測所

月と地球の上での火山的特徴が大変よく似ていることが，ここに示した一対の写真によく現れている．左下に示した写真はマリウスヒルの上からルナオービター５号によってとられたものである．右下の写真は，アリゾナの火山地域にある割れ目の円錐と裂け目の円錐である．前者は直線的な割れ目に沿った火山の火道であり，後者は隆起した溶岩が壁を突き破った部分である．右の図はアリゾナにある割れ目円錐の航空写真である．

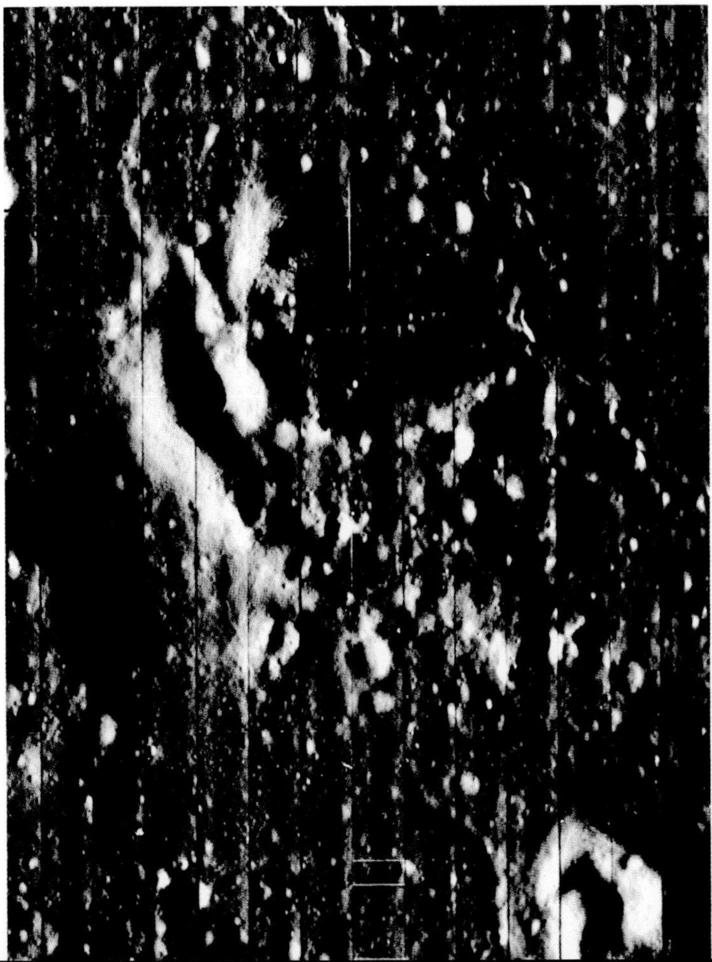
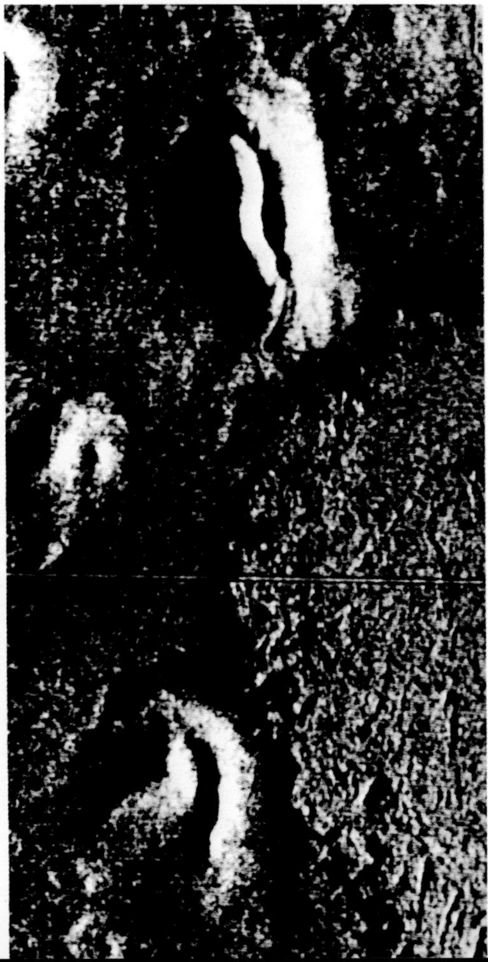

AS11-36-5324

地球へ近づきあるいは遠去かりつつある宇宙船の窓の外には，この図に示したような全半球の雄大なパノラマが展開する．下端は窓わくによって，また右端はフィルムの端によってちょん切られたこの写真には，左側の太平洋から右側の地中海へ至る北半球が示されている．グリーンランドを縁取る氷冠は，最後の氷河時代のなごりである．氷河時代には，これと似た氷河がこの図に示される陸地の大部分に広がっていた．

る方法についてある仮定を設けるのが便利であろう．第1の仮定は，生命は生命あるいはそれに適した場所を求めるというものである．第2の仮定は，外側の惑星は魅力的な面を持っているけれども，それがあまりにも低温でまたあまりにも有毒な大気を持っているために，センタウリからの研究者たちは，その上で生命を見出すことを期待しないだろうというものである．研究の焦点となるのは内側の惑星であろう．そこでの温度は生命に対するわれわれの考え方と半ば相いれる範囲内にある．

われわれの太陽系への訪問者が，最も内側にあって太陽からの最も強い日射を受けている水星をすばやく走査して，それの探査を制限することも考えられる．水星は小さくて密度の大きい物体であって，大気をほとんど持たずまたかすかではっきりとはわからない表面のしるしを持っている．地球からのレーダーを用いた研究によって，その表面が少しばかりあらいことがわかっている．長い間水星の自転は太陽に縛りつけられたようになっており，水星から5780万kmだけ離れたところにある熱核反応のなべ（太陽）へいつも同じ面を向けていると考えられていた．しかしレーダー観測によって，これがまちがいであることがわかった．実際の自転周期は約58日であった．表面のしるしがかすかであることと，また，58日という自転周期が88日という公転周期の3分の2に近いこととが相まって，地上の観測者の間にこのようなまちがいが生じたのである．このことは最も条件の良い時に観測者たちがしばしば水星上の同じ地域を見たことを意味する．輻射計を用いて，太陽に照らされた側の温度が340℃にも近づくのを見たセンタウリからの訪問者は，彼らの宇宙船上の消耗品がなくなるのを見，また確率を計算して，彼らの注意を太陽系内の残った惑星である火星，金星および地球と月に集中するに違いない．

赤い惑星を調べる

赤い色をした火星は冬の夜には大変冷たくなり，－70℃にも達する．しかし夏の昼には20℃もの高温になる．薄くて透明な大気を通して，白い極冠が見られる．地球外の訪問者たちはそれに気づく時間がないかもしれないけれども，火星には極冠が膨張および収縮するという季節変化があり，また収縮していく極冠から拡散していく黒色化の波がある．火星にはまた一種の天気があり，しばしば雲を伴いまた薄くて高速の風によって起る砂あらしがある．直径15km程度の二つの小さい月が火星のまわりを回っている．内側の月であるフォボスは異常なくらい火星の近くにある．火星上の観測者から見ると，フォボスは一晩に2回昇って2回沈む．西から昇ってきて東へ沈む．地球外の訪問者である宇宙船に載せられた走査機械によって，火星の地形がかなり変化に富んでいることがわかる．多くの場所にクレーターが密集しており，また他の場所には何のしるしも見られない．さらに他の場所では，あたかも何かが地下から飛び出して地殻が崩壊したかのように，乱雑に投げ出された跡が見える．分光学的に調べると，大気と白い極冠のおもな成分が二酸化炭素であることがわかる．水はほんの少し認められるだけである．

太陽系での居住可能地域の中をめぐる第2の惑星である金星に機械を向けた訪問者たちは，それが彼らの機械の感度と分解能の限界に近いことを知る．直径といい密度といい，金星は地球と年の違わない姉妹のように見える．それは，太陽から1億800万kmの距離をほとんど円軌道を描いて公転する．しばしば金星は地球から4000万kmの距離に来る．地球上から見ると，それは太陽と月に次いで明るい天体である．どこを見たらよいかを知っている人たちは，昼でもそれを見ることができる．空飛ぶ円盤の一部は疑いもなくこのような金星によるものである．

ある解釈によれば，大気の進化において金星は地球に先んじている．しかしその類推が当っているとすれば，何か恐ろしく奇妙なことが金星の上で起ったに違いない．深くて濃い金星大気の主成分は二酸化炭素である．その結果として生じた温室効果のために，金星はその太陽からの距離から考えられるよりもはるかに高温であり，500℃に近い．上で述べた温室効果というのは，入射する熱放射が再放射されるものよりも容易に大気を通り抜けるために起る熱の貯蔵である．金星の表面上の金属的な鉱物は鈍く赤い色に輝いているに違いない．また亜鉛やすずのような金属は液体の状態にある．濃くて輝く雲の上に信頼できるしるしが見られないこともあって，この謎に満ちた惑星の自転周期の正確な値が長い間わからなかった．しかし最近になって，大出力のレーダーがその不透明な二酸化炭素のおおいを通り抜け，金星が逆方向に 243 日に 1 回というゆっくりとした周期で自転していることを示した．この自転のタイミングは地球との会合周期と合っており，金星の自転が地球によって支配されていることがわかる．なぜこのようなことが起ったかを知るのは知的な挑戦というものである．

地球と月を調べる

彼らが最初に地球と月を遠くから見た時から，センタウリからの研究者たちはこのペアーのように見える惑星を調べるために，それへ接近することを望んだに違いない．理の当然として，この系を完全に理解しようとして，彼らはかなりの距離から彼らの測定器をここへ向けた．彼らの接近は，新しい太平洋の島のまわりに船を走らせた15世紀の海洋探検者に似ている．地平線上に現れた陸地に注目し，堡礁を通り抜ける通路を見出し，飲料水の源を求め，彼らは船を傾けて修理するのに適当な，彼らを守ってくれる湾を捜し続けた．

やがて彼らは，彼らがペアーの惑星と思ったものが，実は異常に大きい衛星を伴ったかなり小さい惑星であることを知る．彼らの機械を使って，彼らは月には空気も水もなく，その自転が惑星である地球によって捕獲されたものであることを知る．またその表面温度が116℃から－140℃まで変り，その痛めつけられた表面が数えきれないほどの過去の事件の傷跡を保っていることを知る．それとは反対に，惑星である地球は美しく輝く球である．半透明な大気の一部は，白いガスの渦巻きと筋によっておおわれている．地球の色は青色，白色，褐色，濃い緑および赤褐色に見える．しばしばその表面は興奮するばかりにユニークな輝く銀色の光を放つ．

（同時にではないけれども）二つの白い極冠が見える．しかしセンタウリからの訪問者にとっては，極冠と雲とを区別するのがむずかしいだろう．軌道面と23.5度の傾きを持った軸のまわりに，地球が24時間の周期で自転していることはすぐにわかる．また知的なセンタウリからの訪問者たちは，このような配置によって，地球上のかなりの緯度に変化に富んだ四季が生じ，またかなり広い温帯があることを知る．機械を使って彼らは地球の放射能帯と磁場とを探知する．磁場の存在と太陽系の中で最も大きい地球の密度とから，この訪問者たちはこの色の変る惑星の表面のずっと下に液体の金属核があることを知るだろう．

機械による分析はまた，地球大気が窒素と酸素の混合物であり，それに少しばかりの二酸化炭素，アルゴンおよび痕跡元素があることを明らかにする．大気は十分に厚いために，球全体にわたって熱を輸送する役割を果し，また致命的なエネルギー粒子や超音速で飛んで来る太陽系内の岩石のかけらから地球を保護する．しかし複雑で絶えず変化する白色の乱れを持っているにもかかわらず，大気はしばしば半透明となり，地球上から宇宙をながめる窓が開ける．

不 死 の 霊 薬

センタウリからの訪問者がそれをどう見るかはわからないけれども，この青白色の惑星の最も著しい見ものはその表面の3分の2以上をおおう化合物である．分光学的研究によって，それが水素と酸素の化合物であり，0℃以下では固体で，1気圧のもとでは，100℃まで液体で，それより高温では蒸気あるいはガスであることがわかる．液体の状態では，この化合物の反射率は大きく，センタウリからの訪問者の目や機械に太陽光を反射する．それは太陽系の中でもユニークなものである．そして遠くからの観測ではわからないけれども，地球上で水と呼ばれているこの化合物はほとんど万能の溶媒であり，不死の霊薬でもある．

この居住可能なエデンの惑星をさらに接近して観測するために，疑いもなくこの訪問者たちは彼らの宇宙船を地球へ向ける．それから後の彼らの反応を想像するよりもむしろ，同じような条件のもとで地球を観測した宇宙飛行士であるウィリアム・A・アンダースの言葉を引用する方がよいだろう．

空中では地球は小さい点に見えた．したがってアポロ8号計画の間，しばしば私はそれを見出すのに苦労したほどである．あなた自身が真暗な部屋の中にすわり，はっきりと見えるただ一つの物体がクリスマスツリーの飾り程度の大きさの小さくて青緑色に輝く球であると考えれば，宇宙から地球がどのように見えるかについての概念が得られるだろう．われわれのすべては無意識のうちに地球が平たくてほとんど無限であると考えている．しかし地球がそのように大きい物体ではないことを私は保証してよい．地球はクリスマスツリーの球のようなものであり，われわれはそれを丁重に取り扱わなければならない．

2

休みなく動く大気

われわれは地球のくぼみの中に住んでいるので，われわれが地球の表面上にいると考えるのは素晴らしいことではないか．

プラトー

空気は目で見えないし，手でさわって，その存在を確認することはできないが，量は5000兆トン以上もあり，われわれ人間は，その底に住み，それなしには一刻も生存することができない．だが絶えず動き，約40kmの厚さで地球の表面を取り巻いていて，われわれの生命，財産，さらには楽しみを守ってくれているこの大気について深い関心を持っている人の数はあまり多くはない．しかし前章で述べたように，太陽系を地球の外からながめた宇宙飛行士たちは地球大気の美しさには気がつき，その果す役割を調べようとしたに違いない．

大気は地球表面が太陽輻射に直接さらされるのを防ぐとともに，われわれ人間が生活するのに必要とする環境の主要構成要素になっている．大気中にある多量の水蒸気は，主としては陸地や海面から反射された太陽輻射，さらに数千万の人口熱源からの熱輻射によっても暖められている．そして，それは地球の自転の影響で若干の変形を受けている大循環等の大気独自の運動とともに動いている．渦動している大気という媒体の中で，水蒸気は凝結し，雲になり，しばしば長距離を移動し，雨，ひょうまたは雪となって地上に降る．だが，それは地球表面からの蒸発，主として海面からの蒸発によって補充されて大気中には常にほぼ一定量が含まれている．

雨が降るのは歓迎されるべきことなのだが，気温と気圧のある組合せの時に降ると，たちまちそれは天の下した災害になる．最近の推算によると，異常悪天候のため毎年，米国だけで，少なくとも1200人の人命と110億ドルの財産の損害をこうむっているという．

他方，雨が長期間連続して降らないと，アメリカ大平原の砂あらし地帯の悲劇的な時代に見られたような大災害が引き起され，短時間の大豪雨同様のひどい被害を生ずる．

世界の天気には種々の型のものがあり，天気は各地の住民に大きな影響を与えている．天気に対するわれわれの反応は種々様々で――天気に対する恐怖，その反対の無条件の感謝という状態から，気持ちの単なるいらだちあるいは快い刺激を受けて快適の状態になるまでの差はあるが――とにかく天気の影響を受けるということは，全世界のすべての人々に共通なものである．もちろん，天気の気まぐれに最も深刻な影響を受けているのは，天気予報の専門家とその悪変により大きな経済的利害関係を受ける人々，すなわち農民，民間航空関係者，燃料販売業者，電力業者，衣

左ページの写真は南アメリカ上空で写した巨大な雷雨のセル（細胞）である．雷雲の直径は，この写真を写した宇宙飛行士の推定によれば100km以上で，熱帯ジャングルの上に広がっていた．気象学者はこの写真を見て，雷雲の大きさを知ることができるだけでなく，雲の形がみごとな左右対称であることから，このときは無風の状態であったことを読み取っている．もし風があれば雷雲は風下の方へ流されて，温帯地方における雷雨の典型的な形である〝かなとこ形〟になるはずだからである．

AS9-22-3374

AS9-19-3026

沸騰しかけている濃いクリームスープ状のこの一面の雲は，南アメリカのジャングル上空のもので，数個の雷雨が同時に発生しつつある状態を写している．一番上のセルに同心円状の雲の輪が見えるが，これは上空からだけ見える形で，雷雲のセルの中央で上昇気流が絶えず起り，それによって雲の外縁が拡大している様を示すものである．なお上昇気流は圏界面を突き抜けることができず，そこで四方へ広がっている．

服製造業者，観光業者，その他のグループの人々である．天気の心配は地方自治体当局もしなければならない．悪天気による交通の渋滞，市内の清掃の問題と戦わなければならないからである．天気はすべての人の税金にも影響しているのである．

さて，今や米国の大統領直属の環境改善委員会が警告したように，“われわれはすでに天気を種々の人間活動によって，都合の悪い方向に変え始めてしまったかもしれない．”そして委員会は1970年に議会への第１次報告書の中で，人間活動のスケール，程度，その種類と人口増加が地球大気の化学組成を変え始め，それが熱収支に影響するかもしれないことを明らかにし，「そしてこれらの二つの原因はかわるがわる，また順番に天気と気候に変化を与えている．しかし，これらの変化のプロセスとその結果については大

前景の月ロケットの向う側に，海からかすかに姿を見せている黒顔の怪物のようなハワイ島があり，山頂に雪をのせているマウナロア，マウナケアの両山峰は目のように見える．その間のくさび状の雲の存在は，貿易風が両山峰の間の鞍部を吹き越し，それがまゆ毛のようになっている．高い熱帯の島の風上側には湿気を運んで来た雲があり，風下側にはほとんど雲がないことがしばしばある．

AS9-21-3234

部分不明である」と続けている．

気象現象に関する知識と正確な天気予報をする能力は，1870年グラント大統領が国営気象機構設立法案に署名し，陸軍通信隊長がそれを所管することを決めた時代よりも，現代でははるかに重要になってきている．

気象学は，前世紀には新しい学問であった．しかし，電信の発達は天気に何が起ろうとしているのかの警報を出すことを可能にした．議会は1860年代の五大湖地方の暴風雨による数百人の人命の喪失によって，気象局の設立を推進した．それまではアメリカ人の天気予測は，主として民間の伝承によるものであった．天気俚諺はそのすべてではないが，いくつかは注意深い観察に基づいたもので，確かに信頼に値するものであった．

たとえば，子供の本の中に次のような文章がある．

「夜明けの赤い空は舟乗りには危険のしるし
　夜の赤い空は舟乗りのよろこび」

近代気象学者は，この簡単な天気予報が70％以上の信頼度を持っていることを発見した．

関節炎をわずらっているお年寄りが，彼らの関節があらしの接近を感じ取ることができると言っていることの正しさも証明された．臨床実験によれば，あらしの接近による気圧の下降と湿度の上昇が，この結果を生んだことが確かめられている．

人間がより理屈っぽくなり，その社会がより天気の影響を受けるようになったので，天気予報に対しても俚諺やかかとの痛みによるより，より科学的な方法を持ちたいという要望が強まってきた．指をぬらしてそれを立て，風の吹いてくる方向を知る代りに，羽を投げ上げて風の強さを知る代りに，風向計，風速計が使われるようになった．そして温度計，気圧計，湿度計が開発されたのである．われわれのまわりを直接取り巻く地表面付近の気温，気圧，湿度，風向，風速に関する情報を集めることが正確な天気予報をするためには有用であることはわかっていたが，大気中で将来何が起るかの的確な知識を得るためには，この種の調査をさらに上空にまで広げて行わなければならないことが，しだいに明らかになってきた．

風船の最初の使用目的の一つには，天気に関するより多くの情報を知るために測器を上空へ上げることがあった．それ以来，天気予報の精度の改善は気象観測資料の種類と量，その伝達速度，その解析の速さに直接関係している．

天気の四大要素

天気について学んだ人が多くなればなるほど，それがいかに複雑なものであるかが理解されるようになる．その複雑さの度合は，気象学者の次の推算から，その程度を一応は知ることができよう．すなわち「米国内だけでも，どこかでいつか起っている天気の種類は統計的にみて１万種ある．そして世界全体では，雷雨は１日24時間のうちに少なくとも４万5000個は起っている」．

それにもかかわらず，天気は基本的には四つの主要気象要素の気温，気圧，湿度，風から構成されている．それらがからみ合った影響を著しく単純化して，短い文章に書くことができる．

太陽は天気を製造する地球エンジンの燃料となっている．地球は太陽の放出する全輻射エネルギーの10億分の２しか受けていないのだが，それでも人間のつくった全発電所の年間発電量を１分間で受けている計算になる．しかしながら太陽エネルギーの約半分は雲頂，氷原，積雪からの反射によって，宇宙空間へ失われている．その残りが地球上の約４分の３を占めている海洋と陸地とによってひとまず吸収され，そこから熱として再輻射されている．水蒸気は大気の下層８～16 kmにそのほとんどが含まれているが，これが熱を吸収し，凝結して雲になる．そして熱伝達によって生れたそのエネルギーで大気はかき回される．雲はこのエネルギーによって運動を起し，その大気中での循環は地球の自転によって生れた高高度の高速度の風によって押し動かされている．さらに陸と海から輻射される熱の不均一な分布，山脈，海岸，平原，谷，その他の地表特性の差によって，大気の運動は変形修飾されている．

世界の天気は，主として赤道地域の海上で生れている．太陽の輻射エネルギーを最も直接的に受けている赤道の海域やジャングル上空の大気は，地球上の他のどこの地域上の空気よりも多量の水蒸気を含んでいる．高温で湿気が飽和している空気は熱帯から上昇し，その大半は両極へ向って流れている．極地方では冷えて重くなった空気は沈降し赤道の方へ広がってくる．しかしながら，こういう循環が必ずしも，絵に描いたように規則正しく行われているわけではない．起伏がある種々の形態の地球表面上を流れる時の空気の摩擦と地球自転の影響が種々の形で干渉し合っているからである．

赤道と両極との間のすべての地域の上では，気温と気圧が相異なっている大気のかたまりが，静かにあるいは激しく切れ合い，反応し合い，そして穏やかな青空に太陽が金色に輝く日々，元気をつけるような雨，大地を焼きこがすよ

無人アポロ６号の自動カメラで，マダガスカル東方の南インド洋上で写した日没時の熱帯の雲．微妙な黄白色の透かし彫り状で美しい．インド洋南半は，北半とは異なり縦横に交差する航路がないので，そこの気象現象についてはよく知られていないが，衛星写真はその詳しい状態を示すものとしても重要である．

AS6-2-1075

AS6-2-1425

典型的な層積雲の形成状態を示す写真で，太平洋上で写したものである．画面のほぼ中央を上から下に走る線が一本はっきり認められるのは気象学的にみて面白い．この線の左側は雲が密集しているのに，右側の雲はより分散的である．これは多分寒流の末端か湧昇流の海域の輪郭を示しているものであろう．低温の海水上の大気は温暖な水域上の空気より安定になる傾向があるからで，この写真はアポロ６号のカメラでメキシコ北西沖で写したものである．

AS9-21-3309

絹雲は普通の雲では一番高さの高い雲である．地上では乾いた高気圧性の天気が続いている時でも，数千mの上空では，氷晶からなる絹雲をつくるのに十分な湿気のある場合がしばしばある．強風に吹き送られたこの絹雲の行列はメキシコからテキサス東部へ国境を横切っているが，これはハワイ南東に発源し下カリフォルニア半島上空を通り過ぎ，メキシコを横断している亜熱帯ジェット気流の通路を示しているものかも知れない．テキサスのデルリオ近傍のアミスタッド（フレンドシップ）ダムおよびデビルス湖ダムはリオグランデ川，ペコス川，デビルス川の水をせき止めたものである（画面右下）．

うな無風のかんばつ，あるいは恐ろしい風の渦巻く暴風雨があちこちで，しかも同時に形成されているのである．

事実，地球大気のある部分はきちんとした規則性を持って動いている．高温の熱帯大気の両極へ向う一般流のほかに，気象学者が通常，熱帯間収束帯（ITCZ）と呼んでいる赤道の両側に一つずつ，二つの気流がある．その気流は緯度25度付近で下降し，やがて最初に発源した熱帯地方へもどって来る．だが地球の自転のため，帰還流はまっすぐに赤道へ向って流れているのではなく斜めに吹いている．これが貿易風で定常性が高く持続性の大きい，われわれ人間にとっては古くから非常に重要な風であった．貿易風は古代の舟乗りを未知の海岸に吹き送ったが，現在でも大洋航行船舶の航海士はその吹き方に注意を払っている．

赤道地方と両極地方からの気象資料の収集は常に十分ではなかった．これはそこへ旅行したり，そこへ住みつくことが困難であったからである．最初の気象衛星が軌道を回って以来10年たった現在でもなお，これらの重要な天気生産地域の状態については，そこの影響を受けている世界の他の地域に比べると，気象学的にはよりわずかしか知られていない．

地球の大気は下層40km以下にその質量のほとんどがあり，この層より上は空気のない部分になっている．そしてここでは地球外部からの影響を強く受けているが，それが下層の天気にどう影響を及ぼしているかに関しては現在なお十分にはわかっていない．それらの影響の中には，オゾン層，太陽のX線，紫外線，流星塵，磁気あらし，急激で不思議な気温変動等がある．たとえばラジオゾンデが最初に発見した両極付近の高層大気における冬の50～60℃に達する突然昇温はなぜ起ったか，そしてそれと時を同じくして熱帯上空の気温がなぜ急に低温化したのか，逆に熱帯大気が平年より高温になった時には，冬の両極付近の大気がより寒冷になるのはなぜか．気象学者は目下研究中であるが，両者を結びつけるなんらかの機構があるはずだと考えられているのである．

天気の数値予報

1904年ノルウェーの地球物理学研究所のウィルハイム・ビャークネスは「力学と物理学の問題としての天気予報」と題する論文を発表した．そして彼は，もし地球上のできうる限り多くの地点とその上空の大気中の気温，湿度，気圧，風速の測定が行われ，その結果が規則的に集められ観測時刻におけるある一定地域の大気状態を示すものが地図の形にまとめられて表現されるようになれば，天気予報は精密科学になりうると示唆した．そうなれば，気象資料は将来の天気状態を計算するための数式に入れられて計算に利用されるであろう．

ビャークネスの理論は基本的には正しかった．しかし当時では資料収集がまず問題であった．そしてその考えを実行するために必要とした数学的テクニックがまだ適切ではなかった．後者の欠点については，1922年イギリスの数学者ルイス・フライ・リチャードソンによって理論的には取り除かれたが，実用化するまでには至らなかった．リチャードソンの解は「数値的取扱いによる天気予報」と論文の中で説明されていたが，それが実用的に使用されるまでには二つの克服しがたい障害に直面しているように見えた．数値的取扱いによる天気予報を行うためには，リチャードソンの推算によれば全世界にこの目的に合うように戦略的に適正配置をした2000以上の常置気象台からの地表と上層の資料を必要とした．1922年当時は，とても数年後における実現は不可能だと思われていた．そしてもしそれだけの量と質の資料の入手が可能ならば，それらの資料を天気予報のために必要な数式に取りまとめるためには，毎日6万4000人の数学者が1日中計算をする必要があった．

結果的に見て，天気予報家たちは不適当な資料と不十分な数式を使って予報を出さなければならなかった．しかしながらラジオは天気情報の収集と伝達のスピードアップに大きく役立ち，自動ラジオ送信器の発明は人間の観測者による情報収集網に大量のロボット観測の結果を加えることを可能にした．ロボットを人里離れた場所に置き，自動的

無人衛星アポロ６号のカメラが捕えたアフリカ西端のダカール北西 160㎞ の大西洋上の横断バンドを持った長い絹雲の壮麗な姿．これらの雲は大西洋熱帯海域のやや東部に発生し，サハラ上空を南地中海の方へ流れている亜熱帯ジェット気流の位置を示すものである．横断バンドはこのジェット気流の中のらせん状の循環を示すものと気象研究者に考えられている．

AS6-2-931

に観測報告させるだけでなく気象測器のパッケージを小型気球につけて上空へ飛ばすこともできた．ラジオゾンデは，現在なお局地天気予報のための，詳しい天気情報の主要供給源である．気球はそれが破れるまでは大気中を数千m上昇し，連続的に気温，気圧，湿度を送信してきて，破れると自動的にパラシュートが開いて地表に落ちてくる．

地上に設置されたレーダーは大きな進歩をとげ，それまでは測定不可能であった上層大気中の風向，風速の本格的な測定が得られるようになっている．若干のラジオゾンデは船からも飛ばされてはいるが，地球上にはラジオゾンデがその上を飛んでいない広大な地域がまだ残されている．これはゾンデの飛行時間が比較的短時間であることのためでもある．

たとえそうであっても，第2次大戦の終了時までにラジオを使って集められた気象資料はばく大な量に達し，予報者を量で征服する脅威を与えつつある．プリンストン高級研究所の故ジョン・フォン・ノイマンは，この窮状を見て気象学者のグループと特別のコンピューターをつくり，それを使って天気情報を解析し予報を作成する技術を開発する研究を開始した．「気象学の流体力学を研究してみると，天気とは疑いもなくわれわれが知っているうちだけでなく，想像することのできるうちで最も複雑に相互に関連し合っている一連の系列である」ことを発見した．

10万人の数学者の仕事を処理することができるフォン・ノイマンのコンピューターは1950年の最初の試みで，天気予報が驚くほど正確に出せることを証明した．しかし，当初の正確さのレベルを持ち続けることはできなかった．これは，すべてのコンピューターと同様に，そのプログラミングより以上に信頼度の高い結果をコンピューターがはじき出すことがなかっただけで，コンピューターに入れた数

1968年10月17日，アポロ7号が写したハリケーン“グラディス”の写真．フロリダ州ネイプルス西方に止っていて，らせん状の積雲形の雲のバンドは数百km²の広がりを持ち，強力な上昇気流による雲は形成されたが，この時地上15kmにあった圏界面の低温で安定な空気により雲頂は頭打ちになり平坦化され，直径15～20kmのホットケーキ状の絹層雲が形成されハリケーンの目をおおい隠していた．中心付近の最大風速は30m/sであった．

AS7-7-1877

AS7-8-1919

10月19日，アポロ7号から再び写したハリケーン“グラディス”の写真（左ページの写真と同じハリケーン）．この日までにフロリダを横断し，最大風速は38～40m/sに達したが，その目はジャクソンビル付近にあった．10月20日にはハッテラス岬を横切り，21日にはノバスコシアに達し，温帯低気圧になった．

一方，10月20日，アポロ7号のカメラは日本の九州南方770kmにあった台風グローリアの写真をとった．目の直径は80kmで，絹雲の小さいねじれがひとみのように見え，暴強風によって形成された雲の壁が目の縁取りをしているので，とくに意地悪そうな目に見えた．

AS7-8-1930

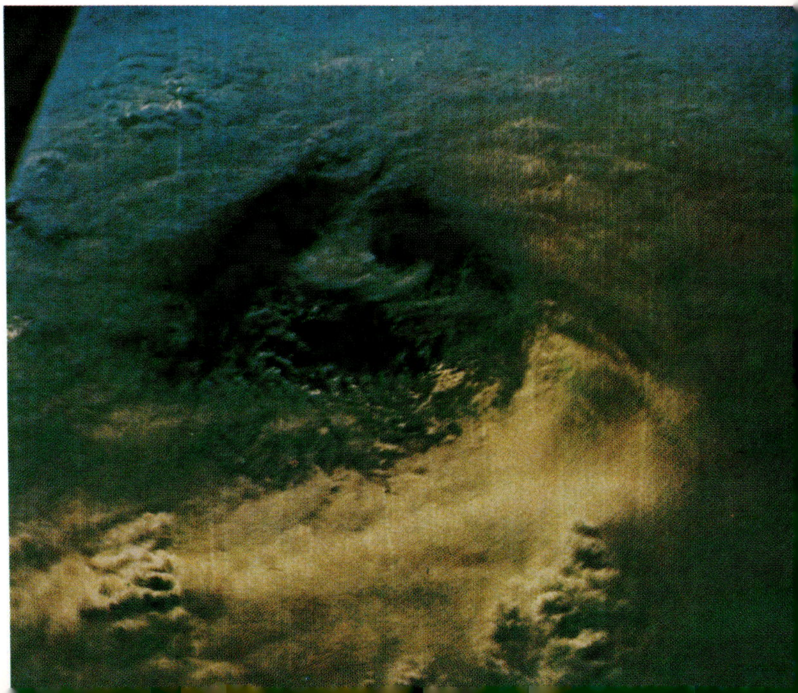

AS9-23-3592

古くなってよろめいている暴風雨．ハワイの北方約1600kmにあったこの低気圧は発生後３～４日たち，分裂し始めている．その時宇宙船から写したものである．通常は，活発な若い暴風雨の上をおおっている広大な盾状の絹雲は消えてしまっている．そして，その下にある下層雲の典型的ならせん形が非常に明らかに示されている．ある気象研究者は，この写真を見て「これは，太平洋を横断してゆっくりと動いている空気をこね回してできた渦巻きである」と言ったという．

AS9-22-3415

海岸に三角入江が連続して存在している大西洋岸ジョージア州南東部上空で宇宙飛行士が写した写真．寒冷前線はフロリダ半島南部を通過中で，前線の背後にはより寒冷でより安定度の高い空気が北方から流れ込み，このためフロリダ北中部の空は晴れ上り，右手にメキシコ湾の一部が見えている．大西洋上にまで伸びている形のはっきりしている雲の道は，下層に湿気を大量に含んだ北西からの風が休みなく吹き続けていることを示している．地平線付近の雷雲はフロリダ先端南方に塔状に発達したものである（写真は上が南である）．

AS6-2-973

アフリカ西海岸は強い海風が吹き込み冷やされるため，内陸30～50kmの間は雲の形成が妨げられている．その状態をギニア湾上から写したものである．一方，海岸から50～60km沖合までの間には，内陸に吹き込んだ空気を補うための空気の沈降がある．ここに明らかに垂直循環が形成され，収束が起り，海岸に平行した明瞭な雲の線ができている．快晴域上空にあるはけのような絹雲は海上数千mの高さにある高いものなので，ガーナ，トーゴ，ダホメ，ナイジェリアの海岸へ吹き込んでいる海風の影響は受けていない．

メキシコ太平洋岸沿いに山脈の風上側に形成された白い雲と山火事の灰色の煙が見える．いくつかの煙の柱は細長く，卓越風に押し流されている．これは大気が安定していて，汚染が長続きする可能性の高いことを示している．他の煙の柱はすぐこわされて，風下へ広がっている．これは大気に渦動があり，煙汚染が長続きしないことを示している．内陸高原上の煙の柱は，そこの風が北寄りから北東寄りであったことを暗示している．

AS9-19-3017

AS9-23-3617

衛星軌道を回っている宇宙飛行士はしばしば古いモロッコの港アガディール沖とモロッコとスペイン領イフニの西海岸に雲の渦を見た．時としては密ならせん形ができ，時としては写真のように，開いたらせん形になっている．これは風速の影響である．渦巻きは卓越北東風が強くかつ雲を形成するのに十分な湿気が，その付近の大気中にある場合に形づくられる．風は海岸が急に東方に切れ込んでいるリール岬を南へ吹き過ぎている．海側により速い気流があり，内陸側の風はより風速が小さい．

最初の月着陸へ向っていたアポロ11号の宇宙飛行士が写したオーストラリア西海岸上の死にかけているストーム．この広大なパノラマの中にある雲は左官屋さんのこてでその上を平らになでつけられた観がある．視界の中には雷雲は一つも見られない（五角形の光のスポットはカメラの中にできたもの）．このような破れた層雲の形成はオーストラリア西海岸のかなり低温の海上には典型的に発達する．なお同様な現象はカリフォルニア西方 300 kmの太平洋上でも認められる．

AS11-36-5295

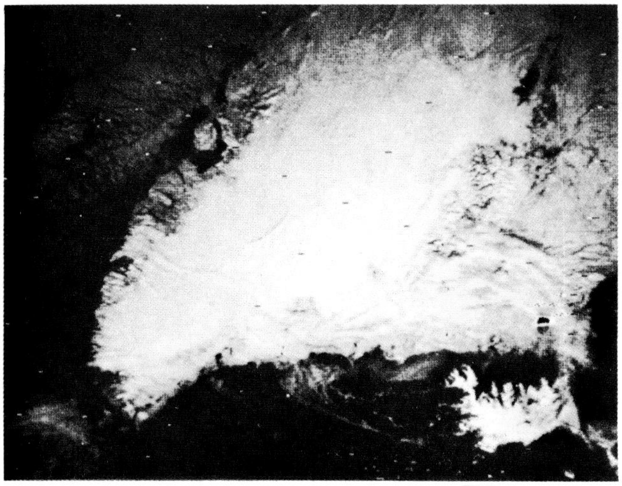

グリーンランドと南極は最近の大氷河期以来地球上に残されている氷河の氷の96%を占めている．ニンバス３号のテレビカメラが写したグリーンランドの氷はその面積が数千km²で，場所によっては2000m以上の厚さを持っている．この写真はグリーンランド上にほとんど雲のない日に写されたものである．

式を今後改善する必要のあることは明らかであった．

気象資料の貯蔵，照合，解析のためと天気予報業務遂行のための高速コンピューターの使用は，1956年までにはルーチン化した．これは気象学の歴史における最大の進歩の一つであった．

現在の天気予報の的中率は85%以上である．２日予報でも，10年前の前日予報よりも正確である．だが72時間以上の長期予報はうまく的中しない．それに使うコンピューターと数式の両面からの研究は，もちろん続けられている．

現在米国の気象局がルーチンに使っているコンピューターは，フォン・ノイマンの初期の機械より数倍は速い．それらは１秒間に10億回の計算を行うことができる．しかし，コンピューター数式を使って信頼度の高い３日以上の長期予報を行うためには，地球上のより多くの地点からのより多くの気象資料を入手する必要のあることは明らかである．だが皮肉なことに，今すぐ大量に種々の情報を網羅した資料が入ってくると，現代のコンピューターではその処理能力がないのである．

気象研究者は正確な２週間予想を出すためには現在の最も速いコンピューターより数百倍速い計算機が必要で，現在利用可能な資料よりもっと数多くの種々の資料が必要だと言っている．このようなコンピューターは開発されつつあり，生の気象資料の量と種類は絶えず増加しつつある．

1966年，米国国立科学学士院の研究パネルは信頼のおける２週間予報は，現代の科学技術で達成できるという結論を出した．そして同学士院の助成金による他の研究は，このような長期天気予報が完成すれば，それから得られる収益は金に換算して年間少なくとも25億ドルに達すると見積った．なおそれは，農業，洪水暴風雨調節，運輸，建設の４分野に関するものだけである．それ以外の分野の経済的影響は含まれていない．他の分野でも，たとえば観光業はその一つであるが，大きな利益を受けることは疑う余地がない．

気象衛星の出現

世界の天気状態に関する毎日の情報は，1960年４月に，NASAが最初の気象衛星タイロス１号を地球上約720kmの軌道に打ち上げて以来，数桁増加した．このジャイロスコープ的にスピンを安定させている衛星は地球上を１時間30分ごとにひとまわりしているが，二つの小さいテレビカメラを載せている．これらのカメラが写し，地上受信局へ電送してきた地球上の雲のパノラマ写真は，気象学者の間では一大センセーションを巻き起した．

それ以前には，数百kmの上空から人間が住んでいる土地の上だけでなく，海，氷原，砂漠の上のように以前は気象情報がほんのわずかか，ないしはほとんど得られなかった地球上の広汎な地域上での雲の形状，その動きを総観的に見た人は誰もいなかったからである．

有人衛星は1960年代に入り，赤道の約30度以内の軌道を飛び，宇宙飛行士はタイロス１号よりは低高度からの雲の形の写真をとった．彼らが手持ちのカメラで写したカラー写真は，無人の宇宙船から送られてきた白黒のテレビ画像を気象学者が解釈するときの大きな手助けになった．そして同時に，素人の人々に，気象学者が解明しようと懸命の努力をしている現象がいかに広大でありかつ複雑であるかを何よりもよく示すことになった．

初期のタイロスの写真にすら進行中のハリケーンや台風の特徴的ならせん模様は示されていたし，衛星からの視覚像が，世界で最も危険な暴風雨の誕生，その予想経路について一般民衆に知らせる気象警報業務が著しく重要であることを直接的に明らかにしてくれたのである．この業務はNASAと気象局との協力態勢の下に始められた．そして1965年７月，天気予報業務のためにタイロス衛星を使用することが決定されて以降，気象局が全責任を持つことになった．翌1966年２月，気象局はより包括的な行政機関ESSA（環境科学サービス管理機構）の一部となった．

それ以来，ESSA衛星が，米国のどこかを脅かすすべての大きなストームを目を離さず監視するようになった．またESSA衛星は大西洋，太平洋上で発見したすべての主要なストームの追跡も行っている．ESSA５号は1967年９月，両大洋上の合計八つのあらしの追跡を同時に行い，気象学の歴史をつくった．1969年には気象衛星は22個のハリケーンと17個の台風を発見しその追跡を行った．

NASAとESSAは協力態勢を維持した．宇宙局はESSAの助言で宇宙船と測器を開発し，ESSAの業務の一環のために衛星の着陸機構と軌道修正装置を取り付けた．

気象衛星がいったん全国的天気予報のシステムの中に編入され，雲解析（ネフ分析と呼ばれる）は定期的に通常の天気図とともに地方予報官にファクシミリで送信されるよ

AS9-23-3501
画面上半を横断している白い線は沈みゆく太陽に照らされて光っている雲で，オーストラリア西海岸の上にあるものである．撮影者がカメラを南方に向けて夕もやを通してこの大陸の姿を写した写真である．前景には雷雨のセルが一つ見られ，その向うにインド洋から入って来た古い寒冷前線が，その到来を示している雲を押し続けている．暗黒は中央の明るい雲の左手に広がっている砂漠の上を閉ざしつつあったが，強い反射能を持つ地域はまだ青白く輝いているところがあちこちに認められる．

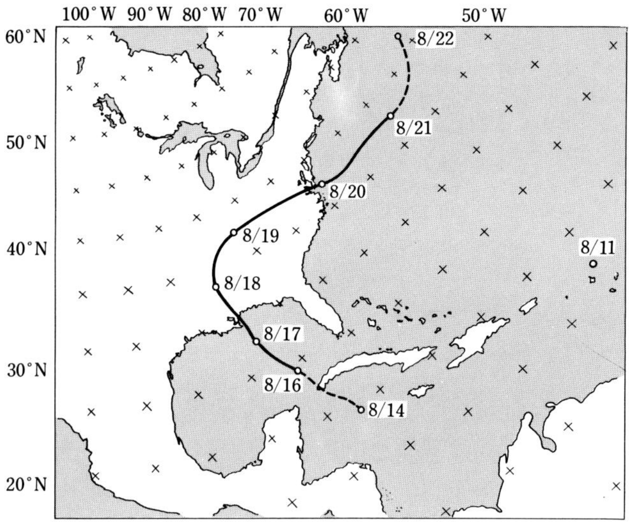

ハリケーン“カミーユ”はアメリカの有史以来最強の熱帯性の暴風雨であった．それを衛星が発見し追跡したおかげで，５万人の人命を守ることができたと推定されている．このハリケーンがミシシッピ州のビロクシー付近を襲う前に，その通路に当る地域から7.5万人の人々が避難させられた．地図はメキシコ湾から大西洋へこのハリケーンの中心が描いたサイン曲線を示したものである．

1969年８月11日：カミーユはカリブ海上で形成され始めたが，まだ真のハリケーンにはなっていなかった．

カミーユの強風と高潮はビロクシー付近を襲い，この写真の示すような破壊を引き起した．

８月19日：北上につれ，ハリケーンは小さくなりつつあったが，陸上に豪雨を降らせた．

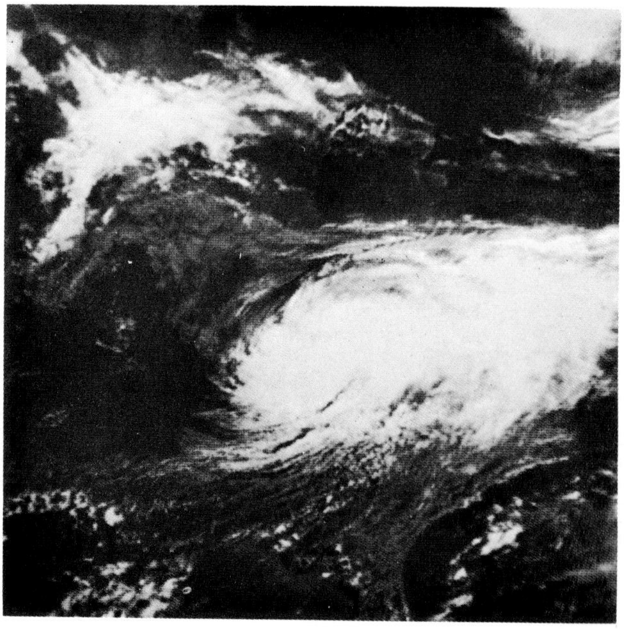

８月16日：カミーユはメキシコ湾に入り渦巻きとなり，その北岸に接近中であることが認められた．

８月17日：風速は85～90m/s に達し，波高 7.5 m の高潮をもたらした．

８月20日：カミーユはチェサピーク湾上を通過した時に，すっかりその渦巻きの形は失われていた．

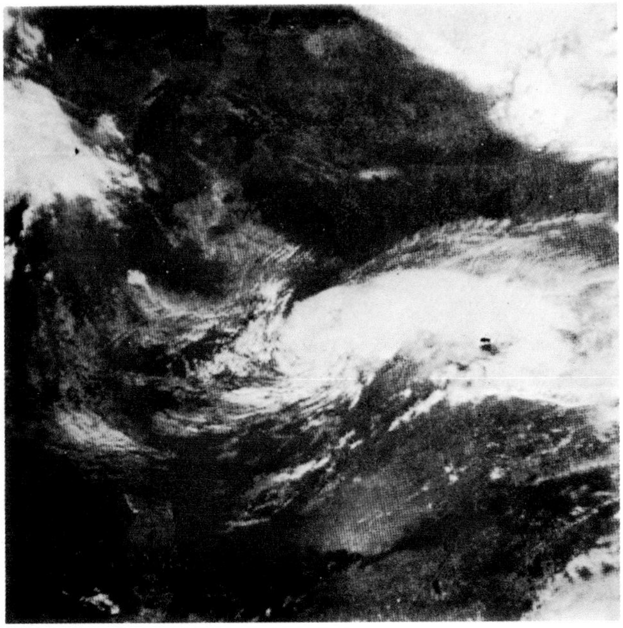

８月21日：カミーユは死滅した．だがもう一つのハリケーン“デービー”がその背後に発生し，画面下部に登場している．

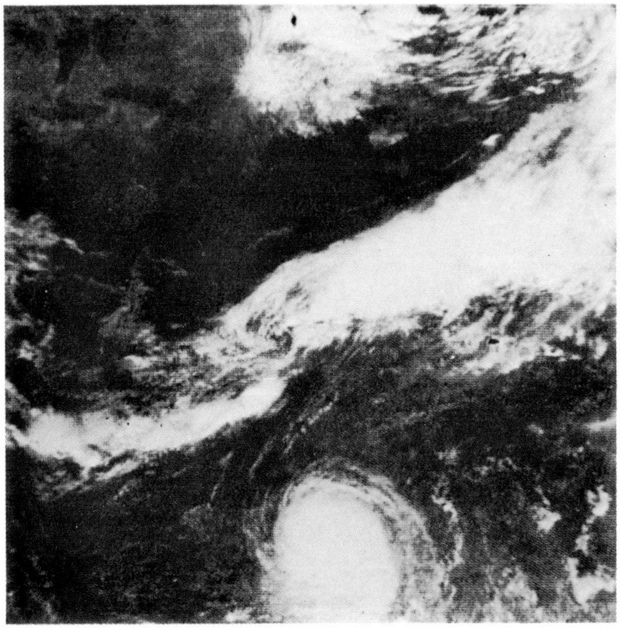

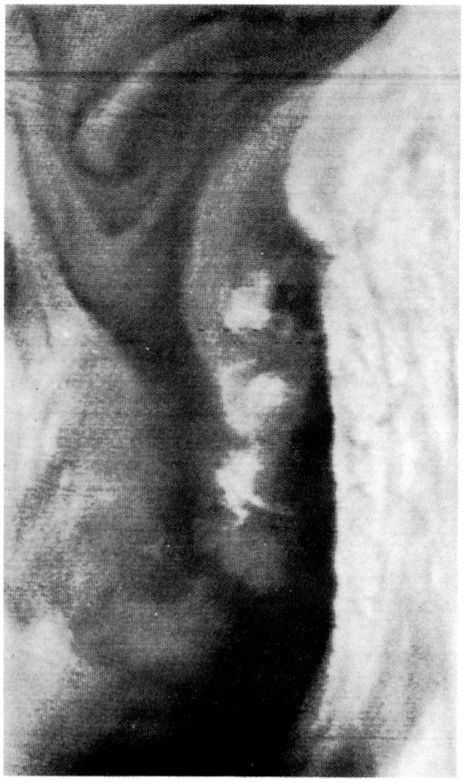

ニンバス４号の温度‐湿度赤外線ラジオメーターがとらえたジェット気流の垂直構造．深夜の中部ヨーロッパ上空は非常に高い雲におおわれていたが，そこに深い溝が切り込まれている．画面を上下に走る暗い筋はジェット気流を示すものである．

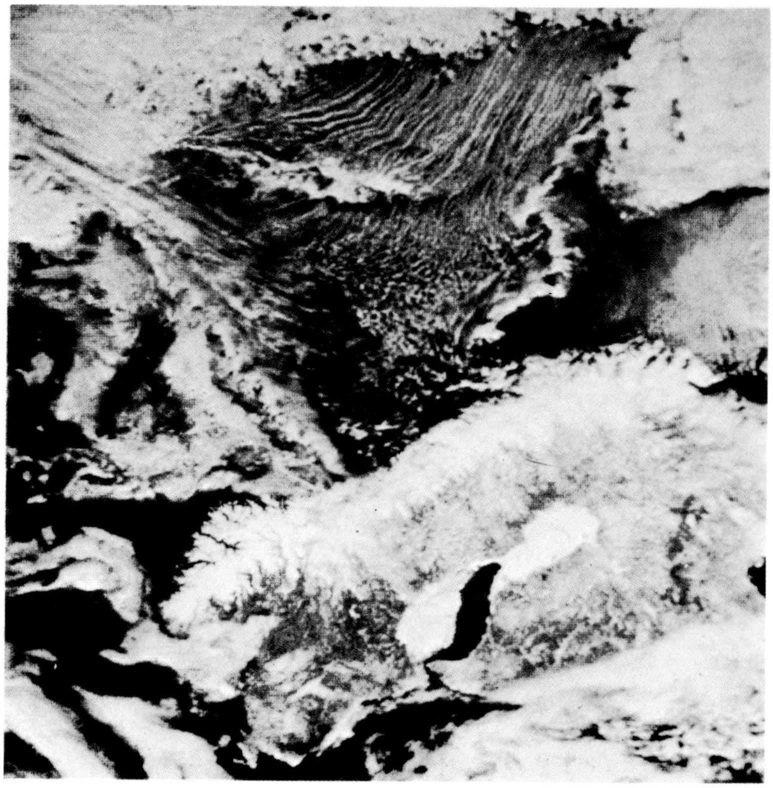

ニンバス４号が送ってきたスカンジナビア（前景）の写真．画面上部を横切るパックアイスのギザギザの縁が見られ，バレンツ海には低気圧の背後に下降している雲のはしが見られる．スウェーデンの森林上よりもノルウェーのはげ山の上の積雪の方がはるかに反射が強いことに注意．ボスニア湾には凍結していない水域が見られる．

うになった．また宇宙からの写真は，世界中50カ国の数百の地上局で指令を出すことにより受信することができる．自動画像送信システム（ＡＰＴ）は飛んでいる衛星に取り付けられているので，これが可能なのである．

衛星からのテレビ像に基づく雲解析の結果は，大洋横断飛行をする操縦士には出発前に手渡されている．またそれは，毎晩の多くの民放テレビの天気番組で，雲の型別にその出現地域を天気図上に描くことによって紹介されている．

1960年以来，100万枚以上の雲の衛星写真が写され，それは気象学者が以前よりはよりよく空の三次元的概念を得るのに役立っている（本章に取り上げた一連の白黒写真は1969年の巨大なストームを追跡したものである）．

実験衛星に載せられていた特別の測定計器，とくに高分解能と中分解能のラジオメーター（輻射計）とスペクトロメーターによって得られた天気資料は非常に有意義なものであった（本章の２番目の白黒写真のセットは，ニンバス４号から電送されてきたそれである）．

ニンバス３号の赤外スペクトロメーターが１日で測定した情報は，１万個のラジオゾンデまたは探測用ロケットで得ることができるよりもっと多いのである．

現在は滝が流れ下るように多量の資料が得られているので，研究者は地球上のほとんどすべての地点について１日に２回は大気の上限から下底までの気温の垂直構造を知ることができる．そしてまた，世界的な水蒸気の分布に関しても，雲分布の写真と他の測定方法によって得られた資料との相関を調べることにより，精度の良い情報が得られつ

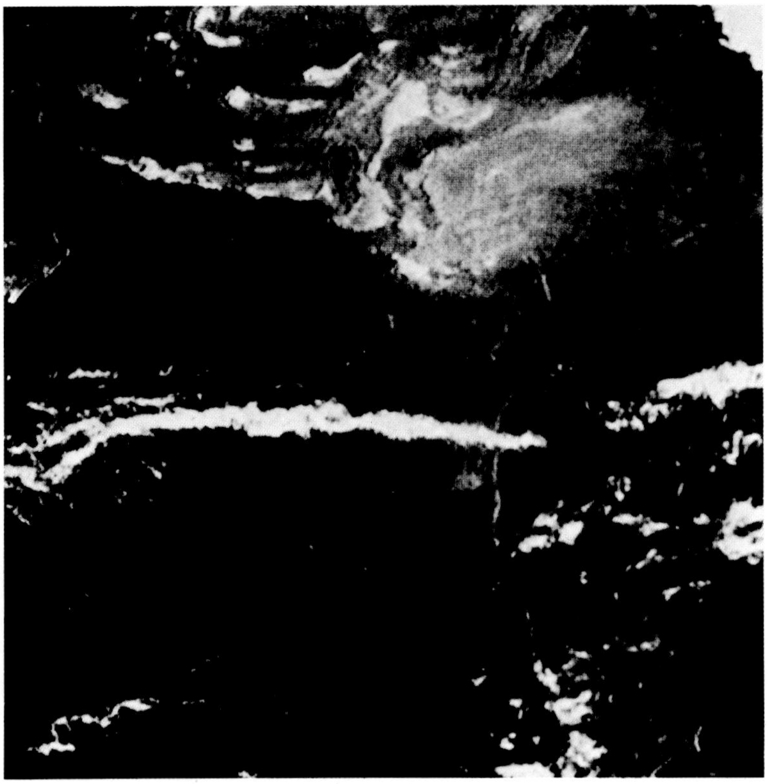

1970年4月9日，高度110㎞でインド上空を南から北へ通過中に写した写真で，太陽の光に焼かれたほとんど雲のない風景が写っている．陸地，海洋，雲の反射に加えて，インド大陸の中西部海岸のすぐ沖合のインド洋上に太陽の光をキラキラ光らせている広い海域のあることが認められる．

インドの海岸は，高温の陸地と広い海からの熱輻射の差によってはっきりと認めることができる．この赤外線ラジオメーターの画像は深夜に写されたものであるが，日中に写したテレビカメラよりもより鮮明であった．

つあるのである．コンピューターにより貯蔵され分析された衛星が得た情報により，大気全体の熱収支，太陽からのエネルギーがいかに天気を形成するのに使われているか，そしてどこでその多くの変った天気が育てられたかを詳しく書き記すことができる．このことは天気予報における非常に重要な進歩として歓迎されたのである．

衛星が気温の垂直構造の測定ができる能力を備えたため，ラジオゾンデと探測ロケットに対する必要性は少なくなった．しかし定高度を飛ぶ気球からの資料，海洋ブイ，地上レーダー，通常のレーダーよりはより正確に雲の水蒸気含有量の測定ができるレーザーの資料は必要である．

将来の気象衛星は，その軌道にレーダーを運びそれで得られた資料の予備処理をする小型コンピューターを設備したものになろう．結局，上層の大気環境の共同観測を行う衛星のシステムが必要になり，そして衛星による大気測定の結果をとりまとめることが，地球の天気に関する人間の知識を完全なものにするためには必要になってきているのである．

NASAの実験衛星中，1970年当時最も大きく，最も複雑な機能を持ち，かつ最も多面的であったのはニンバス4号であった．重量620 kgのこの衛星は1970年4月8日，極－太陽同調軌道に打ち上げられた．その正午の軌道は，太陽を直接宇宙船の背後から受けるように設計されているので，テレビカメラが毎日各地の地方時正午の写真をとれるように，地球上の太陽に照らされているすべての部分の採光が良くなるように設計されている．ニンバス4号はまた，毎日各地の深夜の写真をとる装置も付けられていた．その画像は進歩した赤外線ラジオメーターを使って得られていた．これは太陽エネルギーの地球面での吸収と地表面からの熱輻射を測定するためのものである．

衛星が同時にする仕事が多くなればなるほど，情報収集手段としての衛星の費用はしだいに安くなる．大気圏外からの大気測定に加えて，ニンバス４号は数百km下にあるロボット地上観測所，海洋ブイ，気球からの送信の中継をも行っている．

世界天気監視計画

地球上の大気は，それを小さく分割することができないので，いくら技術が進歩した国でも天気予報を100％的中させることはできない．地球上のどこかで起った気象現象は必ず他の部分に影響を与えている．そこで世界気象機構（WMO）と国際学術連合会議（ICSU）は，世界天気監視（WWW）と呼ばれるインテンシブな10年計画を，協同して開始したのである．その目標は信頼できる長期天気予報を出すために必要な天気のメカニズムを理解するためには，どういう気象知識が現在なお欠けているか，また天気を良識をもって制御するために現在必要とする機械と技術を決め，それを完成させることであった．

最も大がかりな世界天気監視実験は，1969年５～７月にハリケーン誕生地として悪名の高い東カリブ海上で行われたものである．国際研究チームが，初めて高度の専門測器を携えて海と空気の相互作用に関する集中的なインテンシブ調査を実施した．彼らが意図していたのは海面下5500mから上空３万mまでの調査を行うことであった．このBOMEX（バルバドス海洋気象実験）は数百人の人間，24機の飛行機，10隻の船舶，12の海洋ブイ，７つの気象衛星を動員した大がかりなものであった．その目標は天気の特別培養器ともいうべきこの海域で何が起ったのかを包括的に研究することにあった．そしてこの研究成果は海と空気が接している他の海域にも適用可能のものであった．このような知識は，それによって天気がより正確に予報でき，かつ長期予報にも使える数値モデルを完成する方向に天気予報者をより近づけるよう動かすことができるならばと希望されていたものである．

世界天気監視は，この実験に続いて南太平洋上でより広範な計画を推進している．その野外実験中枢はマーシャル諸島中のクェゼリン島に置かれ，1972年に始められ，18カ月続ける予定であった．この計画は熱帯洋上と島を含む長さ3600km，幅1600kmの広大な海域をカバーしている．この計画の目的の一つは，信頼できる全世界２～３週間予報を完成させるために，世界各地からの気象観測結果を入手する最善の手段は，何であるかを決めることであった．世界天気監視は世界的気象実験を行い，1976年にその仕事がクライマックスになるように期待されている．この実験は地球上の屋外のすべての場所を実験室として使う巨大な研究をして，技術的に進歩した国を結びつけることを期待していたのである．多くの気象学者が確信を持って期待しているように，もし高度に信頼できる長期予報が定期的に出される時代が来れば，その時使っているコンピューターは，天気要素のどれかが意図的に変えられた場合の影響を予測できるはずである．大規模に改造された天気が望ましいものであるか否かの問題について，科学者ははっきり二つに分かれ，ある人はそのばく大な利益を予測するが，他の人は生態系がこわれることによる災害を恐れている．

小スケールの天気改造の努力――雲の種まきにより雨量をふやし，ひょうと雪を減らすこと，霧の種まきにより飛行場や自動車道路を晴れ上らせること――はしばしば成功し利益をあげているが，しかしこれは常に成功するわけではない．「猛烈暴風雨計画」のようにハリケーンが最盛状態になる前にそこから熱を文字どおり取り去る目的で，若いハリケーンの中心に種をまく大スケールの天気改造の試みはまだ効果があるともないとも結論しかねている．ハリケーンの種まきの効果が十分期待できることは，ハリケーンプロジェクトで1970年に「大々的に，繰り返して」ストーム中の種まきをすると政府が公表したことによって力づけられている．しかし，このハリケーン種まきは安全のため，人間の居住地域の80km以内に近づいてきそうもないようにみえるものにだけついて行われた．「大気の混濁度，二酸化炭素濃度，水蒸気分布の全世界的地上モニタリングには海洋域では特別の注意が払われるべきである．地球上の雲分布，大気の熱収支，地球表面の反射能の衛星モニタリングはますます行われるべきである．大気と陸地と海との間の境界領域と，大気との間の熱的または力学的過程のモデルの研究をさらに行うよう強調される必要がある」とは環境改善委員会の発表である．

カリフォルニア州サンクレメンテからメキシコ領下カリフォルニア半島へかけての北アメリカ南部太平洋岸の赤外カラー写真である．平滑な海岸線が中央部で乱れ，つり針状の形をしているところは，そこがサンディエゴ港である．この写真の撮影時には，パロマー山の南のペニンシュラ山脈（別名シェラ・デ・ファレス山脈）上には雪が残っていた．この山脈は幅40～60kmで，小山列と急ながけの集合体であり，数多くの断層により切られている．

AS9-26A-3798A

AS7-7-1741

中央下は青い太平洋に浮ぶオアフ島．ホノルルは海岸近くにある．白亜紀から海底の割れ目に沿って火山が噴出し，長さ2600kmのハワイ列島を出現させた．星をたよりにカヌーを操っていた人間たちがこれらの土地を見つけたのはずっと後のことである．八つの主要な島とたくさんの環礁を持った小島が合衆国ハワイ州を形成している．

3

地　球　の　水

時間と大洋と，ある都合のよいめぐり合せが，複雑なはかりごとをめぐらせて，今日のわれわれをあらしめた．

ウィリアム・ワトソン卿

およそ600年前まで，船乗りたちは地球の水面の10分の1以上の範囲の外まで出て行くという危険を冒すのを好まなかった．15世紀，かの大航海者たちが従来にまさる船と征服精神とに勇気づけられて船出したとき，自分たちが踏査した大洋についてはまったく無知であった．彼らは，大西洋がだいたいＳ字形をなしていることも，いわゆる新世界の向うにもっと大きいほとんど円形をなしている新しい大洋があることも知らなかった．今日の私たちはほかの惑星を探り始め，私たちの祖先が発見していった遠くの海について知っていたよりも多くのことを知っている．たった一つの点で——つまり探検のための航海の期間の長短の点で——私たちの方が祖先の人々より保守的だというところを見せた．私たちは宇宙旅行を何週間という期間で計画するのだが，オランダ人は１航海に４年を費すという航海術で東インド諸島の開拓に成功した．

地球上の生命は，大洋に発生し，アミノ酸と核酸の小さな分子から成長したと信じられている．小さな分子は水の中で衝突し，互いにつながり，蛋白質の大きな分子ＤＮＡとＲＮＡを形成する．このＤＮＡとＲＮＡとから生物が発展していった．このようにして何十億年という進化の過程が始まった．

水はわれわれの存在を可能にした水以外の化合物の変化の媒体であった．水はほとんど万能の溶媒である．このことは，海水中には既知の化学元素のほとんどが存在していることでもわかる．そのうちのあるものはまだ検出されていないが，すべてが存在しているものと考えられている．

「地球上の生物を構成する基本的な元素のすべてが，月面をおおう厚いほこりの中に分布したということはありえたかもしれないが，結合して生命ある分子のうち最も簡単なものにさえなるということはできなかった．それら元素は，乾いた月の表面では動き回り，ぶつかり合うことができなかったからだろう」とゴッダード宇宙研究所長ロバート・ジャストロウは述べている．

液体としての場合と同様，固体としても気体としても水は驚くべき方法で私たちに役立っている．水は凍ると膨張する．氷は浮流する．このことはわれわれにとって非常に重要なことである．もし氷が浮流しなかったならば，静かな水域の水は下から上まで凍って，その中にいた水中生物を全滅させてしまうだろう．もし海氷が沈めば，南北両極の海は太陽の輻射エネルギーにさらされることになる．海水はぐっと暖められ，氷河の氷は溶ける．そして海水準は上昇し，私たちの沿岸にある大都市を水浸しにしてしまうだろう．

そのほかにも，地球の平均温度が上って，今私たちが住んでいる地域の多くのところで気温が耐えがたいほど高くなるという大変動が起るだろう．地球の気候は想像もつか

AS7-7-1787

水の存在が都市の場所と大きさを決定してきた．この写真は夜間のもののように見えるが，朝，アポロ７号がテキサス州を横切る際に撮影されたものである．東の昇ってくる太陽に向って見たところで，光っているのは，ヒューストンの北方のガルベストン湾に流れ込むトリニティ川に太陽が当って反射しているところである．地上の細部は見えないが，ガルベストン湾を掘り込んでつくられたヒューストンの航路用水道が，選鉱くずのように黒い線をなして突っ立って見える．

AS7-7-1789

前ページのヒューストンの写真の撮影から1年後に，アポロ7号の宇宙飛行士たちは，ミシシッピ川と米国でも最もロマンチックな港であるニューオーリンズの南方にある無数の沼や潟からの太陽の照返しを見た．ポンチャートレイン湖が前景にある．湖の上に見える線は排水路である．ミシシッピ川のデルタは，左上部のところでメキシコ湾にはり出している．ハリケーン“カミーユ”（前章の写真）は1969年，この地域の何千という人々を強制的に疎開させた．

AS7-5-1632

人工衛星からとった写真の中で，太陽の反射は地球の表面の様々な様相を見せてくれる．この写真はメキシコ上空から南のカリフォルニア湾を見たもので，このあたりの水面はごく穏やかで風も非常に弱い．太陽の照返しの最も明るい点が平らで静かな地域に動いてゆくと，黒い部分はつかの間銀白に光る．サンペドロノラスコ島の沖の黒い羽毛状の模様も海の表面の状態がつくり出したものである．

ないほどの変化をこうむるだろう．また，もし地球の熱のバランスがこれと反対の方に傾き，氷が南北両極から南緯，北緯それぞれ45度まで（50度まで達したことが実際にある）広がれば，地球上のほかの水も全部凍ってしまって，このの世は凍った世界になってしまうだろう．

気体つまり水蒸気の形をとった水は，大気の中を移動し雨と雪をつくり出して地球が月のようになるのを防いでいる．

地質学者たちは，大洋と乾いた陸地は地球の歴史の初期からいろいろな割合で地球上に存在してきたと考えている．地球上の水の総容積は，有名な現代イギリスの地球物理学者エドワード・バラード卿によれば，各時代を通じてずっと驚くほど一定であった──海は14億3000万km^{3}と見積られている──という．しかし，どうしてそのように平衡が巧妙に保たれてきたのか誰も知らない．海水準は確かに変動してきた．しかし，水が陸地の全部どころか大部分をさえおおったことはなかった．地球が氷河期にあって，水が何千mという氷に閉じ込められた時に大洋の水準は最も低かった．

水の作用の証拠は，地球で最も古い岩石の中に見出される．水は地球ができてから最初の10億年の間に，凝縮する雲や冷却してゆく地殻から放出されてきたと考えられている．初めて雨が降った時，何世紀もの間，絶え間なく降り続けたろうと考えられている．

科学者たちは，もし大洋というものがなければ大量の雨が降るということはなく，したがって陸地には塩分を含まない地下水が乏しいということになるだろうと指摘する．何十億トンという水が毎日海面から蒸発し，塩類を海に残してゆく．水蒸気は雲になり，雲は上空へ行って陸と海の上に水を放出する．陸地に落ちた降水の大部分は，結局はたいてい河川を通って海へ帰り着く．土壌や岩石からしみ出した塩類を溶かし込んだ河川は──ごく緩慢なペースでではあるが──海水の平均塩分をふやしてゆく．といってもこれは何十億年もかかって量が3パーセントちょっとふえるというのにすぎない．もし無数の海の動植物が自らのために塩類を吸収していなければ，海はもっとずっと塩分が多くなっていただろう．

AS7-7-1779

ソコトラ島とインド洋の上に輝く太陽．反射の左側，兄弟島と呼ばれる大小の二つの島の間に，なめらかな渦巻きが黒い輪郭を見せている．ソコトラ島の下の細く白い直線に注目．島の16km沖にある海面下の浅瀬の上をうねる波がこのような線を描き出すのだろうか．

大気は大洋にいくつかの大きな流れを起す．今度はこの海流が，大洋が大気に放出する熱の量と放出する場所とを決定するのに役立ち，そのことによって気象の諸条件に多大な影響を与えてきた．水の世界的な循環は，重要な経済上の影響も与える．たとえば，深海から比較的冷たい水が湧昇してくるような場所では，栄養分が海の表面まで運ばれるため最上の漁場となる．

聖書は航海者たちのことを「波を切り，海の道を行く者たち」と詩的に表現している．港と錨地が航海者たちにとって必要だということが多くの大都市の場所を決定してきた．海はいろいろな人種を孤立させもしたし，また寄集めもした．そして海岸線は地図製作者たちが描き始めてからも絶えず変化してきた．波と海流があるところでは海岸を一直線にし，またあるところでは港を砂で埋め，大陸棚の上に砂嘴やかぎ形の岬や沿岸州をつくった．

海洋学者たちは，大洋はきっとまだたくさんの驚異を秘めているということを私たちに思い起させる．私たちの使う石油と天然ガスの５分の１は海底油田が産出している．そしてまだまだ大きなたくわえが海底に発見されるのを待っている．私たちは海底の鉱物資源をやっと開発し始めたばかりである．三種の化学物質——塩化ナトリウム，マグネシウム，臭素——が今，海水から化学的に抽出されている．そのほかにも実に様々な量の有用な化合物が海水の中に溶け込んでいる．

海底資源の一つ——海底上に横たわっているマンガン団塊——は驚くほどの量になる．このじゃがいものような形をした鉱物のかたまりは，マンガンのほかにかなりの量の銅，コバルト，ニッケルを含んでいるが，その起源はまだ定かではない．このような団塊は，何百万年ものうちに何か小さな物のまわりに付着していって，ちょうど真珠が形成されてゆくようにできてきたらしい．

高品質のマンガン団塊の多くは，水深1500～5000ｍにわたるところにあることが調査船によって確かめられており，これをどうやって取って来るかが主要な問題である．ある研究によれば太平洋だけでも3500億トンの団塊があり，現在の消費ペースで40万年もたせるのに十分だという．最近，米国と西独の各１社が協力して，船から水深 900 ｍに降ろした巨大な水中真空吸込機を操作して，大西洋の海底からマンガン団塊を集めようと試みた．

水はまた人類の未来の世代に，今世紀までは予見すらされなかった方法でエネルギーを供給することになるかもしれない．もしエネルギーを放出させるための水素融合の過程が制御されれば，水１ガロンは理論的にはガソリン 300 ガロン分に匹敵するエネルギーを出せることになる．

技術が進歩して塩水を真水に転換することが大規模に可能になれば，人口が増加しても飲用水が不足するという恐れはもはやなくなる．海水の脱塩は現在クウェートとカリブ海のアルーバー島で実用化されている．米国の一都市キーウェストとキューバのグアンタナモ米海軍基地では真水をおもに海水に頼っている．

思慮ある人が広々とした海に面した海岸に立って，荘厳と畏怖の感情を抱くと同時に浮き浮きした気分になっても無理のないことなのである．

太陽の反射の重要性

大気圏の外まで上ることのできる宇宙船の最初のはっきりした用途は，大気を観察することであった．海の表面は空を映し，海は光が吸収されまた反射されて青く見える．だから，メリーランド州のスウィートランドにある環境人工衛星センターの科学者たちが，宇宙の何百kmもかなたから手に入れたデータを研究してみて，それが気象学者にとってばかりか海洋学者にとっても役に立つものだということがわかったというのを聞いても私たちは驚かなかった．

気象衛星ニンバスに積み込まれた高感度の赤外線ラジオメーターによって，科学者たちは海表面の温度の図を描くことができた．これは大洋の循環と海流の位置と運動についてより多くのことを知るための手がかりとして必要なものである．科学者たちはまた，太陽が水の表面に反射してできる像を解読して海表面の風速を判断することができるということも知った．これは明らかに気象学者ばかりではなく海運業界，漁業界にとっても関心のあるところである．これによって現在あるいはごく差し迫った将来の海の状況が描かれるからである．

海表面の風速を示してくれるものとして水に描かれる太陽の反射を研究していくうちに，遠距離から撮影された写真の方が低高度からとった写真よりもより多くのことを教えてくれるという，一見理屈に合わない事実がわかってきた．中部太平洋の赤道上３万5900kmのATS‐１から撮影した写真と大西洋のこれと同じ位置に当るATS‐３から撮影した写真とに見えている太陽の反射の範囲は，地球にもっと近い軌道を回っている衛星からとった写真のそれよりも広い．

AS7-4-1590

タヒチからほど遠くない南太平洋上空から見ると，水と雲と透き通った氷のように見える淡い青緑色の輪とが見られる．この輪はツアモツ群島の環礁で，その低く細いヘリで波は砕けて引いたり寄せたりしている．さんごの個体が，ある時は浅い海に，ある時は後に沈んで見えなくなる火山のヘリにこのような環礁を形成する．これら環礁は長期にわたる地質学的，生物学的過程の産物なのである．

AS9-22-3432

ベルデ岬諸島を上空から見たこの写真のながめはまさに「流体力学者の楽しみ」ともいうべきものである．中央に走る雲の筋は，北東貿易風を島がさえぎることによってできる（一部の雲は，この写真の右手の方にあるここには写っていない島々によって生じたものである）．向うの方に半円の雲の線が互い違いになり，いろいろな方向に回っている．これはフォン・カルマンの渦の典型的な実例であって，島のまわりを通過したあと，向い合ってカーブを描いている風の流れが互いに入り混じって描き出したものである．

AS9-22-3429

前ページのベルデ岬諸島のうちの二つの島をほとんど垂直方向から見たところである．上の方に見えるサーオチアゴ島の向うに太陽の反射の中で見えている波は，海面のはるか下の方で，卓越した流れがこの島にぶつかった際に生じたものと考えられる．このような内部波の頂は時には数kmも離れて現れる．サーオチアゴ島の風下側にある白っぽい部分は静かな湧昇流のある地域であることを示す．風の流れも海流もともに，これらの島のまわりで右に曲って流れる（赤道の南では左に曲る）．

AS9-22-3345

バハマ諸島のある島のまわりの浅海の中に刻まれている「くの字形」の深み．さんご砂のただ中にくっきりときわだっている濃紺の大洋の舌端が見える．（左上に見える）アンドロス島のまわりでは浅海はせいぜい10mから12mの深さにしかすぎないが，すぐそばの深みはなんと1300mもある．海洋学者の中のある人々は，この舌のまわりの砂の峰々は，深い反流がアンドロス島を西から回り込んでこの深みに入っていることを示すものだと信じている．ずっと北方では，この大西洋中の奇妙な溝は 3000 m もの深さがある．

AS9-22-3343

大洋の表面の下の様子は，多くの人工衛星による写真によって識別されるようになってきた．この写真ではオールドバハマ海峡が，その濃い青色の峡谷をキューバ中部の北に見せている．この峡谷は北西の端（写真の左側）で深さ 460 m，南東の端で1100mである．海峡の壁をなしている険しい急斜面がはっきりと見える．カマグイ群島のさんご礁の小島が，ここではこの水路の南側の壁を縁取っている．この画面の中でこの水路の反対側の澄んだ青い海の中に見えるやや色の濃い部分は，浅い海底に藻がはえている部分である．

このモロッコ沖の大西洋の写真には，輪郭の明瞭なうねりという形で太陽の反射光が写っている．左上の前進しているうねりの列はその下のうねりに対して対角をなしている．これはここに浅瀬があることを示していて，ここでうねりの列は門が押し開かれるように開くのである．うねりの頂上と頂上の間の平均距離が，この写真を研究している海洋学者たちにこの海の状態を明らかにしてくれた．

AS9-23-3617

ブランズウィックとジョージア州のサバナの間では，大陸の縁での下降する斜面と河川によって大西洋に運び込まれた堆積物が，宇宙から見られる．右上端に見えている雲の切れ目からV字形の峡谷がのぞいているが，これは水の下になってしまった昔の河谷の河口部分である．その下の太陽の反射の中に見える細く黒いしまは，ジェット機の飛行機雲のかげである．

AS6-2-1485

AS9-26A-3727A

このテキサス州のガルベストン近くでの赤外カラー写真によると，陸地から淡青色に見える大陸の縁まで流れ出て来た堆積物が，メキシコ湾内の強い南西方向の海流によって運ばれたことがわかる．

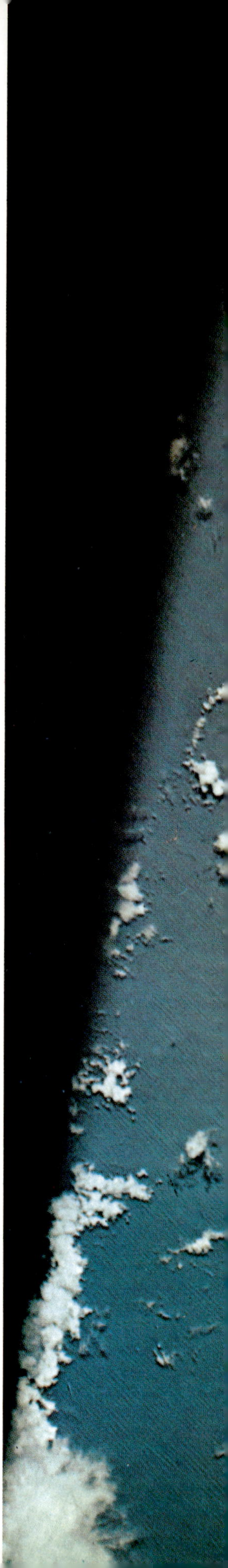

台風の影響で岸に向って押し寄せる大きな砕け波が島に白い縁取りをしている．この島はニューギニア沖のショートン島である．砕け波の左の太陽反射は堆積物の渦があることを示している．本島の風下側の長い羽毛状のものは，大洋の海流によって運ばれた堆積物である．

AS7-4-1607

AS7-11-2040

大バハマ島(右上)と大アバコ島のまわりの海の色が淡いのは，この付近の海が浅いことを示している．この写真は北からとったものである．そのまわりの大西洋は約5kmの深さであって，この写真の手前のコバルトブルーの部分がそれである．海洋学者たちはバハマ諸島のこのような写真を大きな暴風のたびごとにいつも手に入れたいことだろう．このような写真を見れば暴風が海中のどの（さんご礁の）堤をこわし，またどの堤が暴風によって再び形成し直されたかがわかるからである．

ジャマイカは北東貿易風の強い影響を受けている．ほとんど垂直方向に向けたカメラで撮影したこの写真には，雲の列とうねりの模様を描く太陽反射より強い風が存在することが示されている．キングストンの町は下の方の海岸側の一番右の湾にあり，モンテゴ湾は左上の峡谷である．

AS9-21-3316

ジャワの東に小スンダ列島（アロル，パンター，ロムブレン）が連なっている．これらの島のまわりには淡色の縁取りが見られないが，それはこれらの島が非常に深い海底から険しく立っているからである．世界中あちこちの活火山性の島のまわりにはこのような深海があるが，とくにインドネシアにおいて多い．

AS7-4-1612

AS9-21-3288

南に向ってカリフォルニア湾の奥の部分を見おろす．太陽の反射と疑問符のような形をした細い積雲は，ここに区切られた小さい区域の上に高気圧が存在することを教えてくれる．湾中央の色の濃い部分は静かな海である．これはそばの陸地より温度の低い湾の上空を吹く軟風によって生じた逆旋風の循環の目の中にある．中央，海岸近くに見える白い蛇のような形は，干し上った流れの川床が塩におおわれたものである．

AS7-4-1740

ハワイ諸島は世界の島々の中でももよりの大陸から一番離れたところにある島である．写真前面に見えるのは諸島のおもなグループの一番西に位置するニイハウ島．ハワイの王は，1880年代にこの島を１万ドルで個人投資家に売った．買手は島全体を一般に公開しない一つの牧場とした．島の右手の雲は，ニイハウ島とこれよりずっと大きいカウアイ島の間のカウラカヒ水路の上にかかっているものである．ニイハウ島の向うには，これより小さい島々がたくさん広い太平洋に浮んでいる．

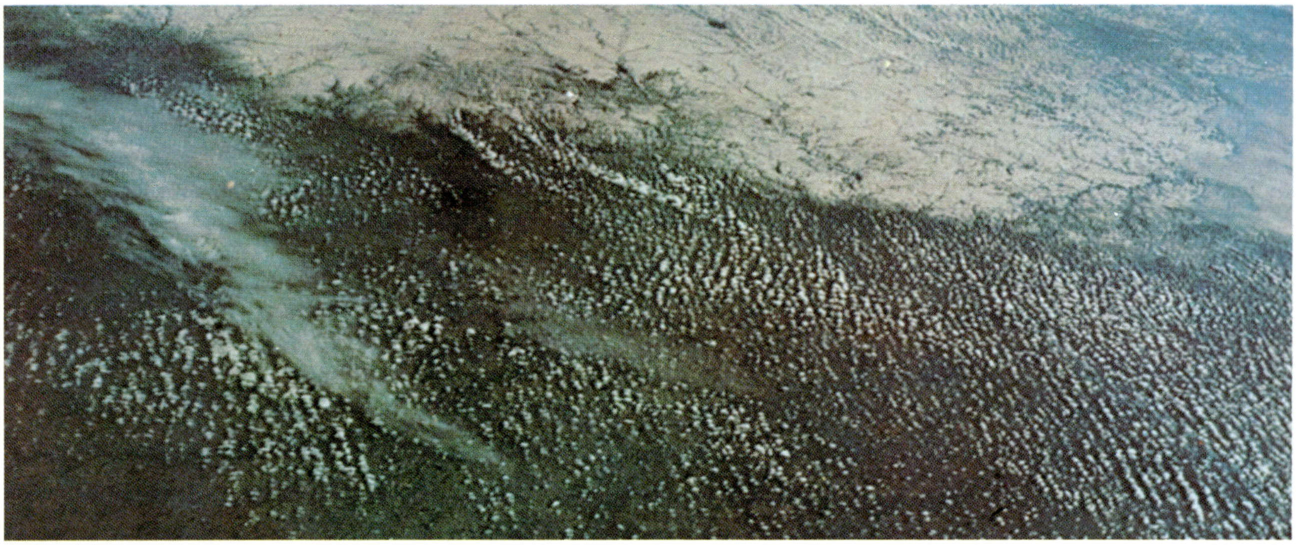

AS9-23-3483

このページの２枚の写真は同じ1969年３月８日に撮影されたものである．上の，アーカンサスの上から見た光景では，中西部の雪におおわれた部分の南端とこれより暖かい土地の上にかかろうとしてできかかっている積雲の境目がはっきりしている．しかしこれは珍しい大気の条件である．雲と雪は宇宙から見るとしばしば同じように見えるものである．

AS9-22-3327

この写真では，アリゾナとニューメキシコの山々にかかるちぎれ雲は雪と区別しがたい．次ページで説明されている新しい技術を使って，今日ではこの見分けにくさを減らして宇宙船から氷と雪を観察するのが容易になっている．この技術は将来洪水予報や船舶安全航行に役立つ．

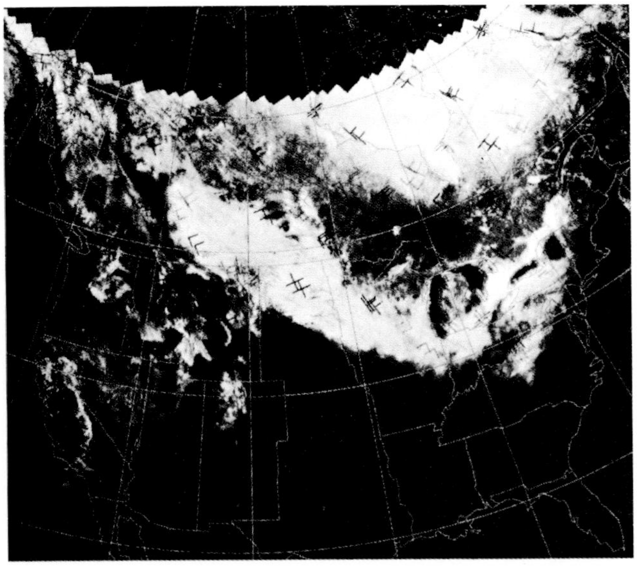

1970年２月９～13日：ESSAによる５日間の最小輝度を合成したこの図は北アメリカをおおう雪を示している．カナダを横切る黒い帯は森林のある区域で，そこでは針葉樹の枝によって雪がところどころ隠されている．

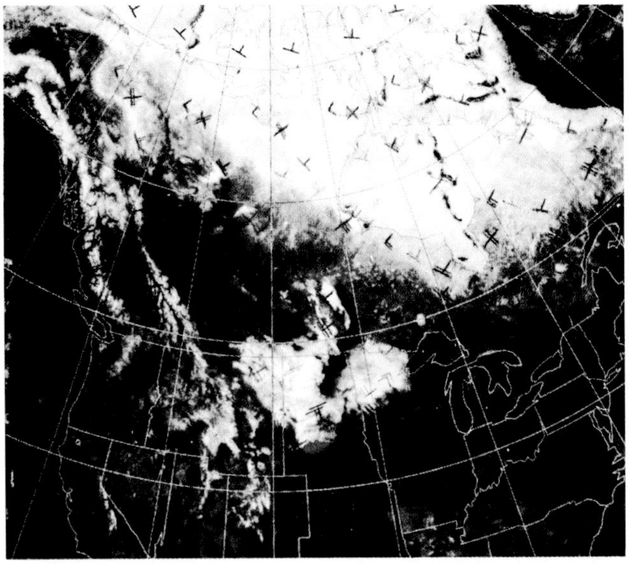

1970年４月15～19日：左と同じような図で，五大湖地方の雪が西側の春の大吹雪の影響で後退し，ハドソン湾の氷の中に夏期の海運業の航路が開き始めたことを示している．

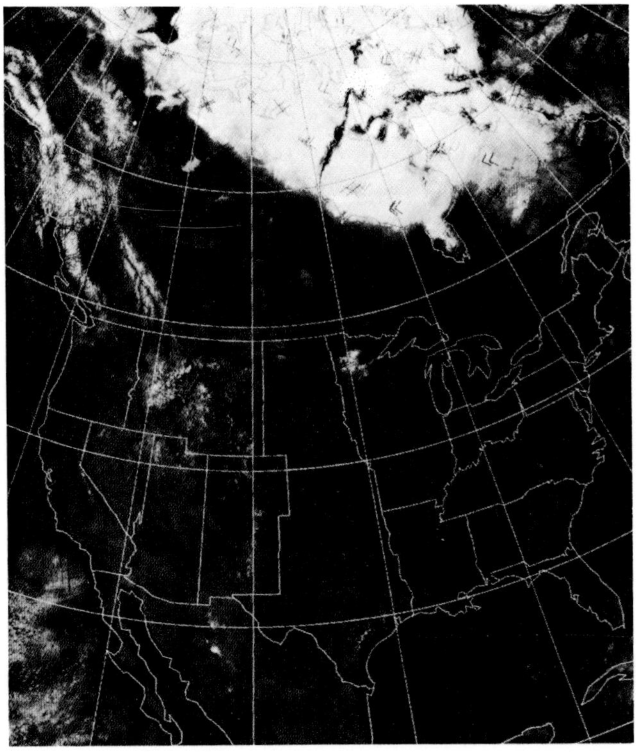

1970年５月19～23日：雪はカナダ北部と西部の山脈まで退いたことがわかる．カリフォルニア半島沖の海に薄いおおいがかかったように見えるのは，雲が居すわっているからである．

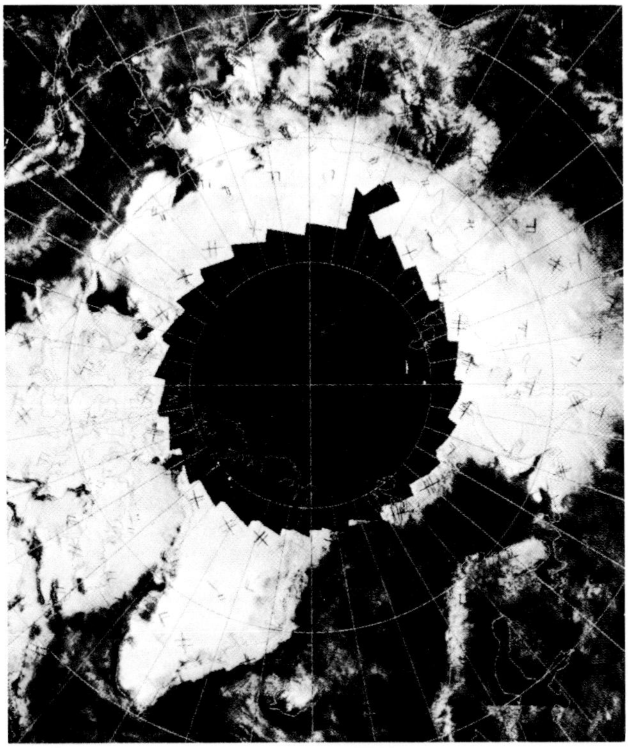

５月の末におけるこの極地域の合成写真は，雪がグリーンランド，北カナダとシベリアに残っていることを示す．左上のアラスカ周辺の海はもう氷が張っていない．

ＡＴＳカメラは解像度が約3.7㎞で，地球の極近くわずか1100㎞上の軌道を回る太陽と同周期のＥＳＳＡ衛星に積んだカメラと同じぐらいの精度の結果をもたらすのである．ＡＴＳ-１とＡＴＳ-３は地球と同周期の軌道を回っており，はるか下の熱帯の海を東から西へと動く太陽の反射をとらえるのにちょうどよい地点にいる．このために，これら衛星から20分ごとに送られてくる写真は，ほかのどの衛星の送る写真よりも，この特殊な情報に関しては内容の多い情報源となる．

研究によって太陽反射の写真を解読する際の値の等級がつくられ，それによって海の状態は無風から15m/sの風によって引き起される暴風雨にわたるいろいろな段階に決められる．この等級は海に対する太陽の反射の相対的な大きさ，明るさ，模様に基づいて決められている．超短波ラジオメーターやレーザー高度計といったもっと精密な機器を人工衛星にすえることができるようになれば，宇宙からもっと広い範囲の海の状態を観察することができると科学者たちは確信を持って期待している．超短波ラジオメーターは雲が相当厚くてもその中を貫くので，最も往来の激しい航路での海の様子を監視するのに役立つはずである．

雲は，しばしば衛星がとらえた地球の像から海洋学的情報を引き出すことをむずかしくする．ある人が電気通信上の用語を借りて言ったことであるが，雲は気象学者にとっては信号であり情報源であるが，宇宙から地球をながめて特別な知識を得ようとしているほかの学者たちすべてにとっては，いわば「雑音」なのであって，せっかくの通信をじゃまするものである．

しかし，雲は時には何が大洋の表面や氷原のまっただなかに起っているかを知るはっきりした手がかりとなる．たとえば，雲が一般に暖かいというある大洋のところどころの上で切れていれば，その雲の晴れ間の下の海の表面の水はその周囲の水よりも温度が低いということを表している．冷たい水の上を流れる空気は，暖かい水の上を流れる空気よりも安定しているという傾向があり，したがって冷たい地点の上では雲ができにくいのである．逆に，氷原に割れ目ができると，氷の下の比較的暖かい水から放出された熱がそこから――ほとんどガス抜きのような形で――流れ出る．すると特徴のある雲が生じるので，慣れた観察者にはその雲の下の氷に裂け目があることがわかる．

国立環境衛星センターは雲が散在している地域の海表面の代表的な温度を得るためのコンピューター技術を開発した．これは実際には公海のいくつもの地域から得た情報を判断してそれを選択，分析し，雲の存在によって妨げを受けた情報を排除する．ＥＳＳＡの研究者たちは，また，氷と雪の存在の有無の境界を示す大縮尺の地図をつくる面白い方法を編み出した．こうしてつくられた図はとくに米国とカナダで役に立ってきた（前ページに示されている４枚の図はＥＳＳＡの最低輝度合成図で，1970年の北アメリカ大陸の北部地方へどのようにして春が来たかがわかる）．

前述の氷と雪の存在を示す地図は，気象学者が地球と大気の熱のバランスを測定するのに役立つのであるが，水文学者にとってはさらに値打ちのあるものである．真水の供給源の重要な一部は，毎年一時的に根雪としてたくわえられる．この雪が最終的にはどれぐらいが液体の形となって人間の手に入り役に立つかということを予報するのは水文学者の仕事である．また水文学者は，雪と気象上の諸条件が洪水の気配ありと警告している場合，洪水予報を出すことも期待されている．海運業者たちは，水文学者が湖や河川の結氷とその氷の割れるのを予告してくれるのを頼りとしている．

1969年１月，気象局は人工衛星の送る写真によって，後にその春カナダ国境から中西部一帯を荒した空前の洪水について初期の警告を発することができた．人工衛星の写真を検討してから飛行機を飛ばし，また人が地上で実際に観察してみて，この写真に隠されている脅威がまったくゆゆしいものであることがわかったのである．蓄積されたデータに基づいてコンピューターが洪水予報を出したので，オペレーションフォアサイトが動き出し，連邦災害救助は初めて，予報された洪水が来る前に出動可能になった．

人工衛星の送ってくる写真のおかげで，水文学者は地球の表面のどの地域に雪が積もっているかについて絶えず情報を得ることができるし，人工衛星に積み込んだ機器が1日2回の測定値をもとに雪の表面の温度を知らせてくる．この2種の情報があいまって，さらに正確で時宜を得た流出の予報が可能になる．

人工衛星が送ってくる大洋や大きい湖や湾の氷の状態を示す写真はとりわけ海運業にとって役に立ってきた．しかし，ESSAのビディコンシステムの解像度は河川の氷に関して意味のある観察をもたらしてくれるほど十分に高くはなかった．国立環境衛星センターの水文学者たちは，現在ESSA衛星上にて使われているものよりも高い解像度を持った赤外線ラジオメーターを使用することによって，湖や河川の氷の状態についてより正確な情報が得られるようになるばかりでなく，極地の長い夜の間でも高緯度地方の海氷を調べることができるようになると予想している．

海洋学者も水文学者もともに，この10年間の後半に地球資源実験衛星（ERTS）が軌道に乗れば，彼らの学問が進歩すると予見している．その衛星が送ってくるテレビジョン像の解像度は，現在，気象衛星から送られてくるものの何倍も良くなることだろう．

NASA（米国航空宇宙局）の科学者たちは，宇宙飛行士たちが水の上に降りる際の安全性を確かめるのと，海について全人類の知識を高めるという二つの目的で地球の水について研究してきた．1970年の夏の10日間，あるグループは海面下で最も異常な変則の一つを調査した．普通はヒューストンの有人飛行センターと月旅行中の宇宙飛行士を結ぶ通信網の一部をなしている器械をいっぱい積んだ追跡船を使って，このグループの人々は大西洋海底で最も深い溝であるプエルトリコ海溝の地形を電気的に探知した．この深さ9kmの海溝の下に謎の物質のかたまりがあって，非常に密度が高いので重力を増し，大洋の表面を計器の上に現れるぐらい下げる．また計器類の示度を狂わせて航海者をそのコースからはずれさせる．この研究の結果，世界中の大洋の地図をつくるための器械類を改良することができるようになるだろうと科学者たちは期待している．

「海は常に人の心をそそってきた．そして今日もなお，海は地球上最後の大きなフロンティアなのだ」とレイチェル・カースンは書いている．

AS7-7-1748

地球上最高の土地は，海抜8848 mのエベレスト山である．ヒマラヤ山脈を西に向って斜めに見たこの写真では，左にネパールとガンジス川があり右にチベットがあり，エベレスト山はここに示されている峰々の列の最高峰でS字形の湖の下3 cm弱の少し右寄りにある．約8800 mの高さであっても，直径がほとんど1万3000 kmの径の長球にあってはほとんど突出していないようなものである．エベレスト山頂は，1953年ヒラリーによって初めてきわめられた．

4

地 球 の 陸 地

私たちは，地球上に何があるか地球を離れて見るまではわからないのである．

ジェームズ・M・ラヴェル

私たちにとって幸いなことに，地球の表面はでこぼこしている．これがもし申し分のないボールベアリングのようになめらかであれば，約2700mの深さの水ですっぽりとおおわれているだろう．遠く離れた月から見ると，海面から出ている陸塊は子供のボールに描かれている絵に似ているが，もっと近くからならば大陸の上の山，丘陵，平原などが見られ，それらの互いの関係も明白になる．この章の写真は，地球のまわりを回るアポロ宇宙船から，それが月に初めて着陸する前に撮影されたものである．

月を調べた後，初めて地球のそばを通り過ぎてゆくあの奇妙な物体にとって，地球上の諸大陸は，休みなく動く大気や巨大なきらめく大洋ほど興味あるものには見えなかったかもしれない．しかし大部分の人々にとって大陸の地形が色合や構造において変化に富むことは，とくに魅惑的なことである．私たちが地球に関して持っている知識の大部分は，地殻の細部をごく近くから見て研究した結果得られたものであって，地球上の隆起やくぼみについては私たちの機動性と見る能力の方に限度があった．

過去2世紀にわたり，地質学者たちは今日地下に起っている様々な変化はそれが誰かの目に触れる以前にも同じように行われていたという仮定の下に進んできた．この仮説と実地研究によって集められたデータとが，地質学者たちの地球の起源，発達，構造に関する様々な理論のもとになっている．しかし，もし科学者たちが同意するように，現在がわれらの地球の過去および起りうる未来を解明する鍵であるとしても，この鍵はいくつかの部分から成り立っている複雑な鍵なのである．その部分部分の多くはまだかすかに理解されたばかりであるし，おおざっぱに測定されているにすぎない．したがって地質学者たちが頭に描く地球のモデルは正確なものでもないし完全なものでもないのである．

変化こそ地球の物語の，そして地球上に住む全生物の本質である．大きな構造運動が何回も起り——そして風や雨や溶岩流が繰り返しこれをまっ殺した——地球の姿をつくり出してきた．水面の上に出た山々はまた時として1500mもの厚さの氷によって削り落されてしまった．乾いた陸地の多くはいったん海に沈められ，ところどころで何百mもの厚さの岩石となった砂，シルト，貝殻の成層によっておおわれている．

地球の殻の固体部分は，現在では約50kmの深さだと考えられている．この薄い皮が強い圧力のかかった岩石の上に浮んでいる．この岩石＝マントルは厚さ2900kmで，非常に高温であるためほとんど流体状になっている．その下には，3500km前後にわたって鉄の核があると推定されている．この核はおそらくすっかり溶けているか，上部は溶けているが中心部は固体であるらしい．

地質学者たちは，化石を含む岩石からかなり詳しく最近の５億年の地球の歴史を解読してきた．５億年前あたりのところで化石の記録は消え始めるが，最近，35億年前に形成された岩石の中に微生物の化石があるということがわかってきた．地球起源の岩石で35億年以前のものは見つかっていない．しかし多くのいん石はもっと古く，しばしば45億年前のものもある．科学者たちの間では，いま，この45億年というのが太陽系のおおよその年齢であるとのだいたいの意見の一致が見られる．では地球の最初の10億年の証拠となるものはどうなったのだろう．地球自体の構造上のねじれと，風化によるまっ殺がそれを大陸から完全に消し去ったものと思われる．

誰でも，大洋の底は水面上に出ている陸地部分がさらされたいろいろな影響から守られているから，そこには地球の幼年期へのなんらかの手がかりが残っているものと期待するだろう．ところが，大洋底で最古の岩石は比較的若いということがわかってきた．そこでは１億5000万年以前にできたと判断されるものはないのである．採取された柱状資料の標本の多くはそのまた約半分までの年齢であった．さらに海底から取った岩石はおもに火成岩で，凝固する溶岩流から生じたものである．

このことをどう説明するか．エドワード・バラード卿そのほか多くの現代の地球物理学者たちは，大洋底は地球内部から出てくる溶けた玄武岩によって絶えず入れ替えられていると信じている．彼らの考えによれば，新しい材料は全大洋底を６万kmにわたって走っている二つの海嶺の間の割れ目を通って上ってくる．この溶けた物質が固まってくるにつれ，大陸を支えている巨大な盤を遠くへと押しやる．大洋底は，ある場所では年に15cm広がっていると信じられている．この割合で，１万5000kmの幅を持つ太平洋に匹敵する面積の大洋底が，わずか１億年のうちに新しく生じることが可能であった．このプレートテクトニクス説を認める科学者は，さらにこれの研究を進めれば海底および大陸上の山脈に沿って走る地震帯のことを理解する手がかりとなるだろうという希望を持っている．

地球の表面はごく徐々に年をとるので，そこに起る多くの変化を推し量ることはむずかしい．それでも，たとえばゴッダード宇宙研究所のロバート・ジャストロウのような学者は「地殻の大きなかけらがいくつも，ちょうど湯ぶねに浮ぶ氷片のように動き回っているらしい」と言う．

たとえば，東太平洋の海底は現在南アメリカ大陸の方に向って進み，45度の角度をもって南アメリカ大陸の下にもぐり込んでいるように見える．そこで，この海底の玄武岩の部分は地殻の下の熱いマントルの中へ沈むにつれ再び溶けて，今度はアンデス山脈の火山から噴出されるのだろう．

南アメリカ大陸が過去7000万年の間にアフリカから西寄りの方へ遠去かりながら漂移してきたという証拠が見つかっている．明らかに，もし南アメリカの東海岸とアフリカの西海岸がジグソーパズルの断辺のへりであったとすれば，この二つはかなりぐあいよくはまる．またアフリカとアジアの間にあってアラビア半島は2000万年の間アフリカから引き離され，したがって紅海とアデン湾はあたかも自然がそこに一つの大きな大洋をつくり出そうと努めてでもいるかのように広がった．

軌道を回る宇宙船から撮影した地球の写真の中に，大陸漂移説を支持する者も，これに懐疑的な者もともにそれぞれの見解を支持する根拠となる証拠を見つけた．諸大陸がその位置を変えてゆく速度は，近い将来地球上から発したレーザー光線と月面上の反射板からの反射光線を使って，別々の大陸の上の目標の間の距離を絶えず調べることによってもっとよく測定することができよう．

月面上に降り立ち，機器類を設置し直接コツコツとたたきその震動を記録し，月の物質を分析のために持ち帰ってみて，われわれには今地球が月とどんなに大きく違っているかということがわかり始めた．われらの地球に関する新知識は，マサチュセッツ工科大学地球惑星科学科主任のフランク・プレス教授によって推進された宇宙計画の結果の一つとして得られたものである．彼は「われわれは月に行くことによって，地球上で行われた他のいかなる実験によるよりも多くのことを地球について知った」と言っている．

AS9-25-3685

メキシコで最も有名な火山の一つであるポポカテペトル山は，この写真の下の右端の部分に一番近い雪をかぶった山である．この山の高さは5451m．この近くにあるイスタクシワトル山は5287m．中央のセロー・ラ・マリンシェ山は比較的低く，もっと孤立している山である．山頂に噴火口が見える．噴煙にも注目．時には山腹の土地を開墾するために植物が焼かれる．メキシコの人々の大部分はこの写真にあるプエブラ近くの地域のような岩だらけの高原に住んでいる．

AS9-23-3511

宇宙飛行士が立った絶好の地点からは，ヒマラヤ山系のヒンズークシ山脈のおそろしく深い割れ目を見おろすことができる．山頂の白い雪の冠の上の空は，この写真の撮影時は晴れていた．しかし雲は谷間を満たしていた．このあたりでは高さも温度も非常にまちまちである．朝日が高地を暖める時，荒々しい冷たい風が山腹をかけ降り，人が山々に登るために耐えなければならない困苦が増す．

AS9-20-3173

夜明け．ヒマラヤ山脈の高い地点は太陽光線を反射しているが，深い裂け目の方はまだ暗い．左上部の二つの山頂が近隣の地域より先に光を捕えている．チベット高原の平均高度は，カナダとメキシコの間で最も高くそびえるロッキー山の山頂とおよそ同じぐらいである．このヒマラヤ山脈は人間が歴史を書くようになってからもずっとインド半島をアジアのその他の部分から地理学的にも文化的にも孤立させてきた．

AS7-5-1667

ヒマラヤの西，イランとパキスタンとソ連の間のアフガニスタンにはコ・イ・バーバ山脈がおよそ5000mの高さにそびえている．ここに見える淡い色のだ円形は大きな火成岩の貫入である．エンサイクロペディア・ブリタニカには，これらの山においては最近の地層の隆起と高地のしゅう曲の前に火山活動があったということが，「時折り生起した泥が湧き返るような火山によって証拠づけられている」と書かれている．ここに見えている川はカブール川系の一支流，パンジシャー川である．

AS7-6-1697

前景にシナイ半島の南半分があり，紅海が水平線に向って伸びている．カメラは南を向いているので，アカバ湾は左に，スエズ湾は右にある．ここに見える断続する排水路と歴史のある山々と砂漠とに加えて，専門家は紅海とスエズ湾の間のチラン海峡にさんごがあるのがわかると言っている．このあたりは魅惑的な様子を示している．その例のいくつかが次の2ページに示されている．

AS9-23-3539

地殻に入っている3本の大きな割れ目はこの「アファー（Afar）三重点」と呼ばれる地帯で出会う．エチオピアとソマリア共和国のこの部分は紅海の新しくできてくる海底と地続きであると考えられている．ここに見られる線形のうねは断層崖である．黒く見える区画は溶岩流で，白い地域は塩湖である．

AS9-23-3538

この写真は「アファー三重点」の南の部分を真上から見たところである．1967年まで科学者たちはこの暑い，荒涼とした地域についてほとんど何も知らなかったが，この年国際的チームがこの地域の断層崖や割れ目や火山，海面より低い砂漠の詳しい研究を始めた．これは紅海とアデン湾がつながる部分の近くにある．

モーゼはシナイ半島の山々のうちの一つの山の上で神の法を教示された．この大きな写真にはシナイ半島の山が全部と，スエズ湾とアカバ湾の両側の山々も見えている．前面が紅海であり，地中海の東端は水平線の雲の下にある．この地域の地殻は起伏が多くまた複雑である．

AS7-11-2000

AS9-23-3514

人類は何世紀もの間，この宇宙船からとった写真に見られるような水平線を世界の端であると信じていた．そして水平線にあまり近づこうとはしなかった．前面に見えるのが地中海の西側の端であり，ここと大西洋の間にあるジブラルタル海峡はこの写真の中央にある．アフリカは左，ヨーロッパは右である．文明の歴史の多くは，この青い海から外へ大胆に出て行った航海者たちや探検家たちによって書かれたのである．モロッコとスペインの複雑な，折り重なる山々が強風と積雲，絹雲に影響を与えている様が非常に明瞭に見られることに注目せよ．

AS7-6-1732

ここに見おろすのは新世界．1500年代，好奇心，信念，冒険に対する愛，そして富へのあこがれがヨーロッパの探検者たちを導いていった，あの新世界である．これは北メキシコの上から南の方を見たところである．積雲が東シェラマドレ山脈の上を行く．これは白亜紀の末ごろに変形を受け隆起した堆積岩からなる大きな山脈である．写真の一番上近く，トレオン市周辺の広い谷間にある農場が見える．右下の円形のものは，バーロ山脈の中にあり，多分侵食によって露出された第三紀の貫入岩であろう．

AS6-2-1438

この宇宙航空写真の左上にあるのはメキシコのピナカテ火山の火山原である．左下にはカリフォルニア湾の北東の端にあるバイア・デ・サンホルジェがある．メキシコとアメリカ合衆国との国境の北にあるオルガンパイプカクタス国定記念物は，この写真の上の部分にある．火山原の近くの川はソノラ川である．

AS9-26A-3780A

これはカリフォルニア半島の北端にあるシェラ・デ・ファレス山脈の赤外カラー写真である．ここは地質学上重要な意味を持つ筋がいくつも刻まれた地域である．左下はコルネット岬である．ここの海岸線は人の横顔に似ている．この写真が撮影された3月には雪はまだこの山脈のところどころをおおっている．半島の山の背はここから南に伸びて北回帰線まで達している．沿岸の陸地はところどころ耕作されているが，人間がこの地を占領する前に栄えていた動植物は，北アメリカ大陸のほかの場所に比べてあまり乱されていないほうである．

AS9-19-3018

これは，メキシコとグヮテマラの太平洋岸近くにある西シェラマドレ山脈の山背沿いにできた雲の筋．斜めからとった写真で見ると峡谷が非常に深そうに見える．このことは写真前面の農地から見たらこれらの山々がどれほど高く見えるかということを物語っている．

AS7-7-1826

この荒涼とそびえ立つ連山は南アメリカのチリ北部アントファガスタ辺の太平洋岸にある．この複雑な堆積物の丘陵と山々との間のくぼみには塩原がある．山の中で大きいのはサラ・デ・アタカマである．この写真ではチリからアルゼンチンの一部まで見えている．

右端中央近く，雲の中に見えている小さな白い円錐は富士山である．約3800mの高さのこの山は，晴れた日には日本の13の県から望むことができる．雲間の大きな湾は名古屋への入口伊勢湾である．この写真では日本海を越えアジアまで写っている．富士山が最後に噴火したのは1706年である．

AS9-23-3504

第2回の月着陸の際に持ち帰った岩石の一つは，最初の検査で45億年前のものらしいことがわかった．これは地球本来の岩石のどれよりも10億年は古いということである．

今日，地質学の学生たちが使っている教科書にはまだ次のような記述が載っている．「山に関して集められるデータの立派なリストがいくつもあるのに，造山運動の原因に関して一般に認められるような学説はまだ一つも出ていない」．今日手に入るようになったデータが，科学者たちの地球の過去と未来に関する概念を明白なものにし，修正し，あるいは確かなものにするだろう．「力強い仕事をしながらの鼻歌」が，気楽に宇宙写真をながめている人にとってもはっきりと聞こえてくるようになってきた．

高　　地

われらの地球の表面が起伏に富んでいることや，また地球上で行われた様々の実験の結果，ある研究者たちは地球がかたい物質のかたまりを置き換えたり傾けたりして山と谷をつくり出しながら，風船のように膨張してきたのだと考えるに至った．他の研究者たちは，山脈のしゅう曲をひからびたリンゴの皮のしわになぞらえて，そのような地球表面のでこぼこは，地球が年をとるにつれて縮んだせいだとしている．

スイスの著名な山岳研究家アウグスト・ガンサーは数年前，ヒマラヤ山脈では上昇運動は現在もまだ続いており，この山脈の山々の多くは現在の高さに達したのが地質学的に最近のことであると報告した．もう一人のこの方面の研究家B・サーニはさらに，何千年も昔，人類が初めて移動を始めたころヒマラヤ山脈を越えることは現在より容易だったろうとまで言っている．

しかし，有史以来ずっとヒマラヤ山脈は中央アジアとインド半島とを隔てる城壁であって，それは中国の何百万という民衆がその皇帝たちのために汗を流し骨を折って北辺の地に築いた万里の長城よりもずっと手ごわいものであった．インドの皇帝であり大ムガール帝国の始祖であったバーベル（チムールとジンギス汗の同族）は，その軍隊を率いてヒマラヤを越えたのであるが，非常に寒気がきびしくて，ある者(その人たちの名前を彼は知っていた）はその手を失い，またある者は足を失った．ヒマラヤ山脈の高峰をきわめることはいまだに冒険者たちにとって最も困難な挑戦の一つである．

ヒマラヤに比べてもっと低い山々さえも，学者たちがその構造を知るようになるずっと前から人々を鼓舞もし，おびえさせもしてきた．日本人は長い間彼らの小さな島々の最高地点富士山を「太陽の至高の祭壇」であると見なし，毎年何千という巡礼者たちがいにしえの神々に対する彼らの尊崇の念を表明するためにこの山に登る．ゴータマ・ブッダはネパールの山中で悟りを開いた．ギリシア人たちは神々はオリンポス山上に住むと考えた．そしてモーゼはシナイ山上でエホバと言葉をかわした．ウォルト・ホイットマンは夜，駅馬車に乗ってアレガニー山脈を越えたあとでこう書いている．「信仰！　もし不信心者を回心させたかったら，私は彼を星の輝く，晴れた美しい夜に山の上に連れて行くだろう」．

AS9-22-3394

高原がサハラ砂漠を横切っている．これは南アルジェリアの写真であるが，黒っぽい部分は岩石の露出したものであり，明るい色のところは沖積層である．左下の銅色の地域は砂丘である．ここにたくさん走っている筋は，上部に見られる岩石累層の端の明瞭な境界線と同様，おそらく断層かあるいは断層崖であろう．時折り突然の豪雨がやって来て，乾いた川床を堆積物を低地に運ぶ排水路と化させる．

サハラ砂漠は幅1600km，長さ4800kmある．宇宙船が南アルジェリアのアーネット山とアハガール山の上にさしかかった時に撮影したこの写真には，長い，乾いた川床が見られる．これは多分断層と一緒に走っていると思われる．乾燥した高原は白亜紀の石灰岩の上にあり，断層を伴った造盆-隆起運動によってやや変形を受けてきた．風による侵食がこの地方にたくさんの閉鎖型の盆地を残した．

AS9-19-3034

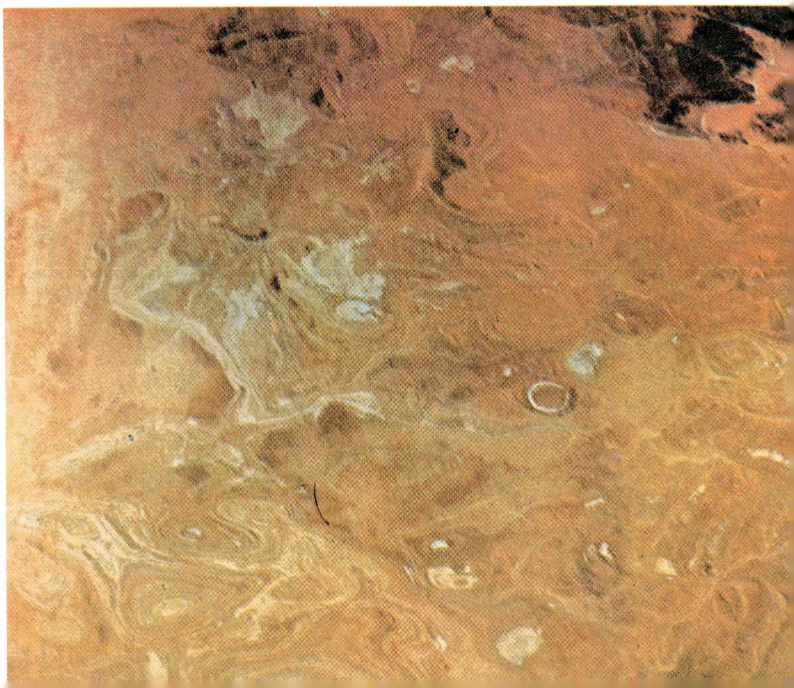

AS9-23-3530

リビアの北回帰線上にあるレビアナサンドシー（砂の海）の一部．黒ずんでしみのようなものは，アルジェリアとリビアの砂丘の上にそびえ立つ複雑な火山岩層である．火山のまわりの高原の一部を貫いて走る曲りくねった線は，乾いた川床である．サハラ砂漠の高地にはしばしば深く侵食を受けた谷がある．移動する砂丘が途方もなく広くひろがっているのは昔の砂岩の崩壊に由来していることも多い．

AS9-23-3533

リビアとスーダンとエジプトの国境線が出会うこのあたりの砂漠の中の山の間を，砂は海流のように動く．中央の大きな花こう岩の貫入「ジャバル・アル・ウェイナット」はスーダンにあり，高さ1907m．その下の少し小さい方はエジプトにあり，1430mの高さ．この写真が撮影された時，いくつかの雲がこの地域に影を落した．ここにサハラ砂漠は，その名の持つ，アラビア語では「褐色で，人の住んでいない」という意味そのままに生きている．

AS9-20-3106

最近活動している火山—ピクトゥシド山，高さ3265m—はサハラ砂漠の表面にイカのような形のしみをつけた．その下の触手は溶岩流である．上はカルデラでその中に雪と見まちがえる白さの塩湖がある．こちらは空に浮ぶ小さな白い雲に比べるとくっきりした縁を描いている．この光景はリビアとチャドにあるチベスティ山脈の上から撮影された．

AS7-5-1621

サハラ砂漠中一番高い地点はチャドのチベスティ山脈中の大きなエミクシ火山（3415m）である．エンサイクロペディア・ブリタニカによれば，この山は「火成岩が，水平なシルル紀のけい質砂岩によっておおわれた結晶岩でできた地層の中を突き進んで行った．この山の急斜面は周辺の平原の上にきわめてそっけなく立っている」とある．1870年，ヨーロッパ人たちがこのチベスティ山脈の一部を探検したが，1915年までは，この写真に示された地域を再び訪れて地図に記入した人は誰もいなかった．

AS9-20-3157

この大きなかぎ形の岬は南アメリカの西海岸にあるペルーのバイア・デ・セチューラである．半島の端にある黒っぽい部分は比較的高い岩盤，そのまわりの淡茶色の平原はデシエルト・デ・セチューラである．この砂漠を横切って海へ続いている黒い筋は峡谷の植生である．南アメリカのこの辺の大陸棚は大物釣りで有名である．

オーストラリア西海岸のシャーク湾とデンハム水道．このシャーク湾のガスコイン川河口にある都市カーナーボンの近くに，NASAの有人宇宙飛行追跡ステーションがある．湾内の大きな島はペロンペン島，その上の海に近い明るい色の部分はマクロード湖である．

AS7-8-1907

おもな砂漠は五大陸に存在する．南回帰線が南アメリカ大陸を横切るチリ北部では，写真のアタカマ砂漠が太平洋とアンデス山脈との間を隔てている．州都アントファガスタは半島の向う端の真下になる．層雲と高湿度とはこの海岸沿いにしばしば見られる．盆地は塩分を含んでいて，硝酸化合物はここで得られる．

AS7-4-1592

AS7-11-1980

ガンジス平野は雪をいただくヒマラヤのふもとに始まる．ガグラ川，ガンダク川，ソン川がガンジス川に注ぐ．流域のヒンズー教徒たちはガンジスを神聖なものとみなしている．ガンジス川は年中絶えず流れる組ひものようにからみ合った川で，山の近くの常緑の森林の水はけを受け持ち，はん濫原を越えてサバンナまで続く．この写真にはネパール，チベット，パキスタン，インドのそれぞれ一部が入っている．

それでも何世紀もの間，大部分の移住者たちは，もしそれが可能であれば山を越えるよりはそのすそを回って行った．修道士ロペス・ド・ゴマラは16世紀にエルナンド・コルテマに随行してメキシコに入ったが，次のように報告している．

単純なインディオたちは…ポポカペック（これは煙の丘という意味だが）は地獄であって，統治者として良くなかった者，仕事場で暴力をふるった者は死んだ時そこでこらしめられる．そして浄化された後，栄光に入ると信じている．

今や宇宙写真術は，探検家たち同様，茶の間にいながらにして旅をする人たちが遠くの山々の荘厳を感得するのを助けてくれることができる．また，実験室の科学者たちが勇敢な登山家たちと同じように山の起源と形成の謎を研究するのを助けてもいる．ヒマラヤ山脈が地球上最大の大陸の上にいかにごう然とそびえているか，富士山上の雪が白い雲の中でいかに完璧なドームを見せているか，南アメリカのアンデス山脈と北アメリカの西カリフォルニア山脈がいかに断固として太平洋からの風をさえぎっているか，宇宙からでなければよく見えないのである．

人類は地球の生涯のうちのごくわずかの部分の間，自分たちの要求と気まぐれを満たすために諸大陸を改造しようと試みてきている．これまで山をつくり出したり低くしたりしてきた過程は，今後もわれわれがその環境を支配することに制限を与え続けるだろう．また，そういう過程のあるものは，巨大な壁画の中の像のようにうやうやしく遠くから観察するのが一番なのである．

たとえば，アメリカ合衆国のように世界で最もよく調査された場所でさえも，宇宙からの写真が，地質学者が実地の調査によって地図に記したよりももっと正確にたくさんの断層——その中のいくつかは活断層であるが——を示してくれた．もし広大な地域を年間のいろいろな時期に撮影した写真が製図台のそばに置かれていれば，世界中の全地域で，技師は計画されている貯水池あるいはほかの大きな構築物の地域一帯に及ぼす影響をよりよく予見することができるようになる．

乾燥した場所

ブルドーザーが地球の表面のあちらこちらをひっかいているが，それよりも風の方がより多く何万トンという砂を砂漠で動かしている．ほかのところでは河川があいかわらず夜も昼も大陸を平らにならす作用をし，デルタを築き，人の手が海岸線に加えたいろいろな変更などを小さなものにしている．「地球は諸惑星の中では特別に恵まれている．地球には雨と川と海がある」とエドワード・バラード卿はかつて書いた．しかし地球上の3600万km²の土地には，雨が1年に25cm以下しか降らず，また，別の3600万km²の土地には1年の間を通して25ないし50cmの雨しか降らないのである．

川床をはって山まで金その他の金属を捜しに行く探鉱者たちは，時々山脈のはるかなすその方に砂漠と緑の谷間をともに見出すことがあった．どの大陸にも砂漠地域がある．そしてその砂漠は世界中北回帰線と南回帰線についてまわる傾向がある．地球上の露出している部分の約4分の1は宇宙から見ると乾いていて暑いように見える．

このように，乾燥あるいは半乾燥の地域が不規則に存在しているのについては，卓越風がおおいにあずかって力がある．乾燥地とはいっても，地球上では生命の存在が不可能な土地というものはめったにないのである．ウィルフレッド・スレサイジャーは1940年代にアラビア半島のきびしい無人地域を横断し，著書「アラビア砂漠」の中でこう報告している．

雲が群がり，雨が降り，人が生きる．雨を降らせることなく，雲は消え，人と動物が死ぬ…季節のリズムというものはなく，活力が高まったり衰えたりということもない…温度の変化だけがあって，これが年月の移り行くことを示す．それは優しさとか安らぎというものをまったく知らない，無情でひからびた土地である．しかもなお人々はここにずっと昔から住んできた．過去の世代では，野営した土地に火ですすけた石を残し，

AS7-6-1675

ガンジス川はたくさんの河口を持っており，ベンガル湾の北端にこの写真のように河口が並んでいる．ガンジス川はヒマラヤとベンガル湾の間の約2400kmにわたり堆積物を集め，また分配する．時々この川床に大きな変化が起った．衛星軌道からの観察を続けることによって，その水文学的現象についての理解が増すようになるだろう．このあたりでは湾は浅いが，河口から谷が湾の中まで伸びている．

AS6-2-941

セネガル川をほとんど真上から見たところ．これを見ると国境は，それが蛇行する川である場合にはどれほど変化するかがわかる．セネガル川はサハラ砂漠の南部の高地から流れ出てアフリカの最西端近くで大西洋に注ぐ．この川がセネガルと南モーリタニアとを分かつ．この写真には貿易の中心地カエジも入っている．このあたりのこう配はゆるやかである．この川はたくさんの分流を持ち，その谷のある部分では耕作が行われている．

ボルタ川はアフリカの一部，サハラ砂漠の南の排水をする．このは虫類のような形をしているのはボルタ湖である．ポルトガル人の探検者たちが15世紀にボルタ川の河口に出会ってはいるが，地理学者たちが上流の区域まで探り始めたのは19世紀になってからである．ガーナは今や自国の産業に対する希望を大幅にこの川に寄せている．衛星からの写真によって技師たちはこのような排水系を全体として見ることができるし，川により良い効果を与える変化をどう加えたらよいかという判定を下すことができるようになる．

AS6-2-967

AS6-2-952

ニジェール川はアフリカでは第3の川にすぎないが，大陸内部に水を送るルートとしては最も良いものの一つである．これは陸地ばかりの国マリの首都バマコ市の上からとった写真である．ニジェール川はあるところでは幅400mあり，長さは4200km，アラスカほどの広さの地域の排水を行う．

バマコ市から上流へ行くとニジェール川はサハラ砂漠の南端沿いにチンブクツー付近を流れる．ニジェール川近くに見える黒いまっすぐな線は，この川が固定している砂丘にはん濫した結果を表している．川沿いにはいくつかの小さな湖もある．ニジェール川は北アフリカの不毛の土地と南の植物の密な土地とを分かっている．

AS9-19-3052

AS6-2-1006

このコンゴ（キンシャサ）の写真に見られるワンバ川とクァンゴ川は赤道の約4度下でクウィル川と合流，クウィル川はカサイ川と合流，カサイ川はコンゴ川と合流して大西洋に注ぐ．これらの川をかつて見たという人はあまりいない．この写真では西アフリカの森林地帯の火事から煙が立ち上っているのがわかる．煙は灰色がかっているので白い雲とは見分けがつく．

AS7-8-1914

ザンベジ川はアフリカを東へ流れインド洋に注ぐ．この写真はモザンビークにあるこの川の河口である．マングローブの湿地，断続する雨林，サバンナの草がこのあたりのアフリカ海岸をおおっている．陸上を走る明るい色の矢のような筋は煙で，陸地近くの海の呈している茶色は堆積物によるものである．1850年代に，デービッド・リビングストン博士がこの川を往来し，ニューヨークヘラルド紙の特派員が博士を捜索したことによって，このアフリカは多くのアメリカ人にとってロマンチックな土地となったのである．

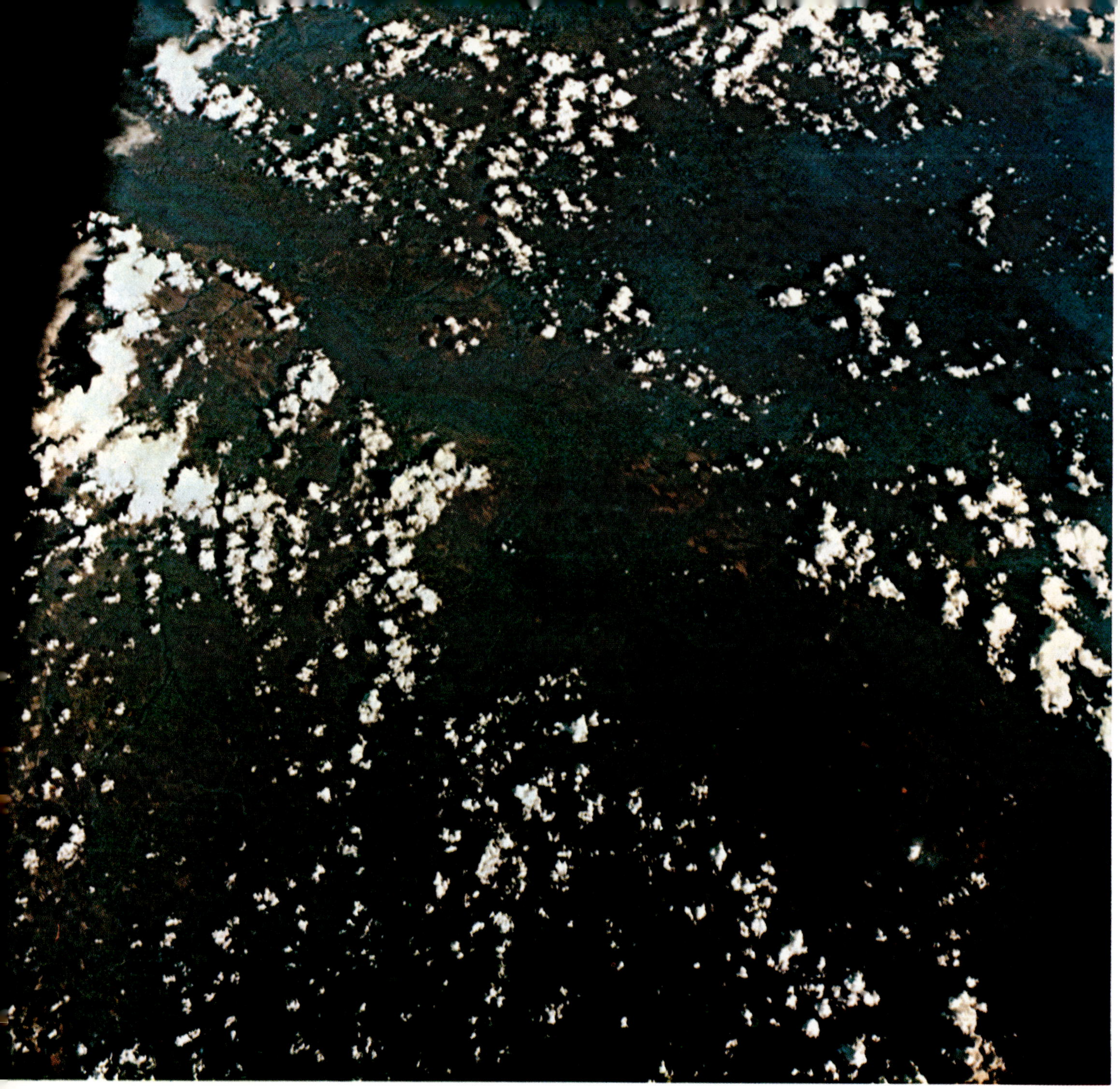

AS7-5-1643

コロンブスはオリノコ川の河口を発見した（そしてこの川はパラダイスに通じているのかもしれないと考えた）.しかしこの川の源の場所がはっきりしたのは1951年になってからである．オリノコ川はベネズエラを東へ流れ，トリニダードの南で大西洋に注ぐ．この写真は 300km以上上流の様子で，ここでは今シウダド・ボリバルがオリノコ盆地の通商通信センターとなっている．ここは堆積性の高原で，蛇行する川沿いのあちらこちらに深い密林がある．

AS9-26A-3781A

世界中でコロラド川のカリフォルニア湾への河口ほどよく，またしばしば宇宙から写真をとられたところはあまりない．これはコロラド川のデルタの赤外カラー写真である．川沿いの耕作されている土地は上部にはっきりと見分けられる．コロラド川は変った川である．豊富な水分に恵まれた土地で増水したあと，乾燥地帯の中をほとんど分流を持たず徹底的に身を守りながら流れる．

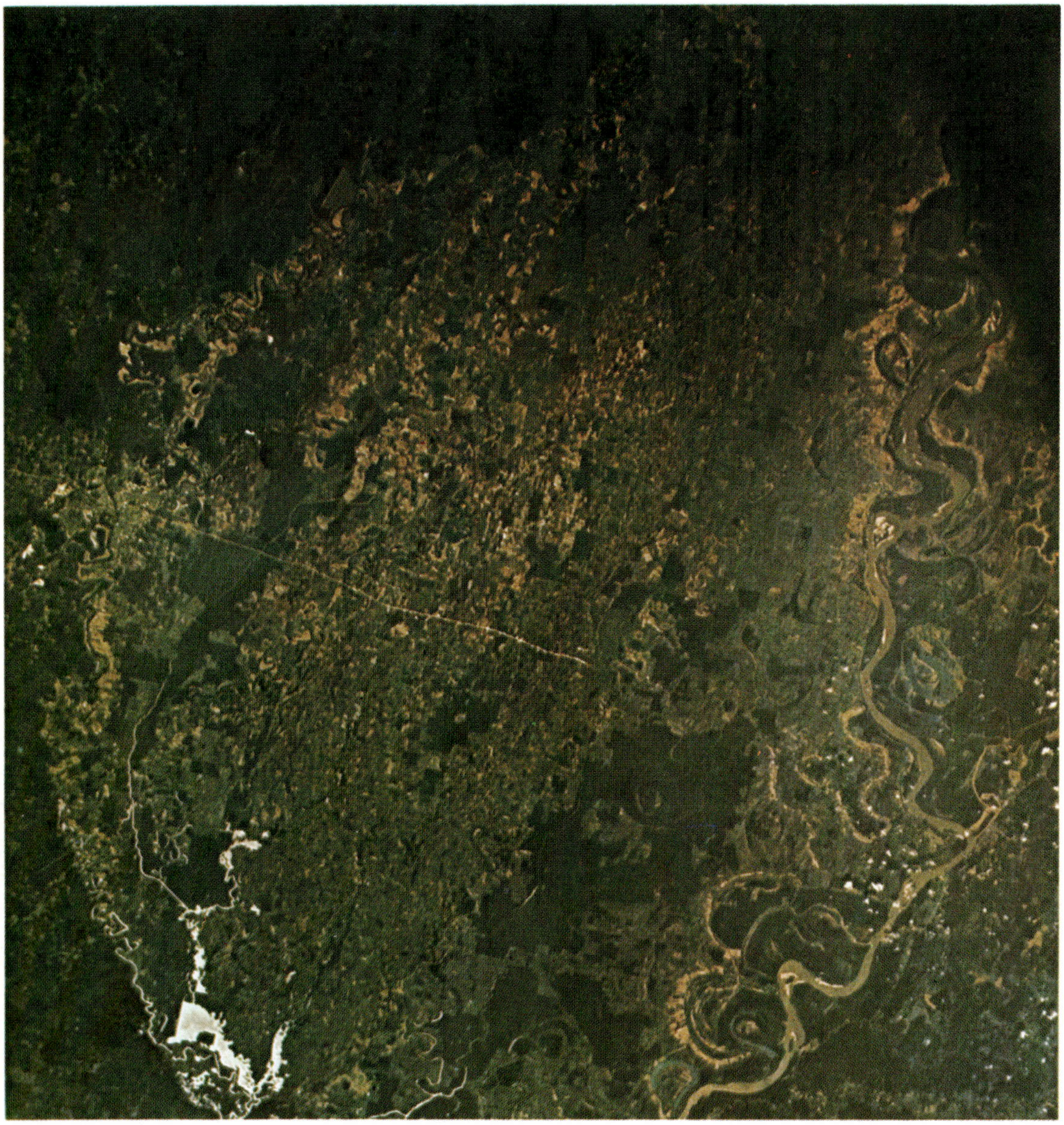

AS9-21-3302

この写真は，早春に，ルイジアナ州モンロー付近のミシシッピ川のはん濫原を真上からとったもの．田園と工業地域は左側，ねじれ曲る川は右側．中央，その他のところを走るごく細い直線は人間がつくった輸送路と運河である．

同じ年の秋に，ミシシッピ川を斜めからとった写真．ルイジアナ州アレクサンドリア付近から北へミシシッピ州ジャクソンに伸びるながめである．ここに羽毛状の煙がミシシッピ州ナッチェズに見える．川沿いの低地には樹木が茂り，川の両側の肥沃な平野は集約的に耕されている．この川はアメリカ大陸の心臓部とメキシコ湾を結ぶ最初の大動脈であった．そしてこの川の長さを測定するのは長い間測量技師たちにとって問題であった．あなたにはなぜこの川が，そしてなぜこの地域が，地球の資源を管理する人々にとって宇宙衛星写真が有用であることを確かめるために計画された実験のテスト地点になったかがおわかりだろう．

AS7-8-1916

摩滅したれき原の中にいくつかのかすかな足跡を残した．ほかのところでは，風が昔の人々の足跡をぬぐい去る．人々はここに，これが彼らの生れてきた世界だから住むのだ．

植物や動物のあるものは，地球上の悪条件のもとにあるあらゆる場所で，かんばつを生き延びてきた．あの広大なサハラ砂漠にも古代文化の遺跡が散在している．宇宙飛行士のいく人かはサハラ砂漠を地球上最も写真向きの場所の中に入れている．そしてほかの惑星から来た旅人の目には，乾燥した地方のある部分は，ミシシッピ川流域の何千km^2というトウモロコシ畑より誘惑的に見えるかもしれない．

人口稠密な都会に生れ育った人々にもまたしばしば砂漠が魅惑的に見える．いくつかの場所で砂の下に石油が発見されてからというもの，芸術家や孤独を求める人々とともに企業家たちも砂漠に引き寄せられてきた．砂漠についてより多くのことが知られてくるにつれ，科学者たちもまた砂漠の神秘がますます人を夢中にさせるものだということを知った．地殻のうちのこれらの部分に，生態学者たちは環境が生物に及ぼす影響，またその逆の場合についての理解への新しい糸口を見つけるかもしれない．

1930年代，英国の自然科学者ラルフ・A・バグノルドはリビア砂漠と人工風洞とで，砂と風の間の基本的な相互作用について研究した．その結果，無秩序どころか驚くほどの幾何学的秩序を発見した．彼は「ところどころで何百万トンという重さの砂の堆積が容赦なく，規則正しい形をなして地表を動いて行く．それは成長し，その形を保ち，繁殖さえするのだ．その様は，グロテスクなほど生命そのものに似ているので，想像力を持った頭をぼんやりと混乱させるほどだ」と書いている．

川の果す役割

われらの地球のうちで最も乾燥した地域の写真の中にさえ，私たちはたまさかの降雨のあとに残された排水路の床をしばしば見る．もし地球内部に隆起する力がなければ，大陸の高地から走り下り平原をやや緩慢に横切って進む川は，あたりの土壌とともに美観をもおおいに奪ってしまうことだろう．アメリカ合衆国では，川が山岳部の平均高度を1000年に50cm，低地帯の平均高度を約2.5cm低くしているとみられる．

地球を回る軌道から見た場合，川は植物その他の生物を再配分し，地形におびただしい変化を持たせながら，まるで酔っ払いのようにでたらめにさまよっているように見えることがしばしばある．時々川岸を越えてあふれて新しい流路をつくり，古い川床を置き去りにする川も多い．また，多くの川ははん濫原に沿って棚のような河岸段丘をつくってきた．このような地殻が露出している部分にも，蛇行する川のそばにしばしば見られる馬蹄形の湖もともに過去のできごとを解く鍵を持っている．そこから，川が将来乾期およびはん濫時にどういう行動をとるかということについて多くを推断することができる．しかし川の動きは複雑なものであって，とくにダムや排水事業や波止場の建設やその他の人工の要素が自然の作用に修正を加える場合は複雑になる．

川は人類の諸活動を誘い出しもし，また全共同体を洗い流してしまいもした．そして今もそれを続けている．人類はエジプト人たちがある程度までナイル川を支配することを学んで以来ずっと河川を制御するために堤防やダムをつくってきた．河川の流路は曲げられたり，まっすぐにされたり，しゅんせつされたり，またその水を貯水池にためられている川が多い．その水を使って工場の機械を回したり，かんがいに使ってそれまで利用できなかった土地の開発をするというその川水のエネルギーの引出し方もある．しかし，その結果として発生するあらゆる副次的な影響に対する適切な知識なしにそれが行われてきたことが多い．

かんがいされた土地のあるものは，今や自然の降雨によって潤されている地域よりも生産力がある．それは日照りからばかりでなく時には過度の降雨からも守られているからである．しかし人間は多くの河川を不快な下水と化し，美しい自然の湖を汚染し，地球の資源を開発するのを急ぐあまり，以前は生産力のあった土地を黄塵地帯にしたりしている．米国でも，またそれより開発の進んでいない国においても，未来の世代の幸福はその国の政府が河川の使用を許可する方策に大きくかかっている．村落文化の場合には許された河川の制御への不用意な無関心も，人工密度が増し有害排水が増加する時代にあっては明らかに許されないのである．

水なしに生命が進化することのできる方法を想像することなどほとんどの生物学者にとって困難である．河川は諸文明が大陸の中を伝播して行く道となった．川がある人の所有地を危険にさらすかそれとも斜面を流れ下って人の仕事を楽にする力を生み出すかということは人間の生活の質を決定する際の因子となった．

歴史上初めて，地球上の山や丘や谷や平原，湿った土地と乾いた土地，森林でおおわれた地域と不毛の地域を一覧的に観察することが今や経済的に可能となった．アポロの宇宙飛行士たちがとった山脈や砂漠や谷の写真には，人間と機器類が規則的かつしばしば全地域を同時に詳しく調査した場合何がわかるかということについてほんのわずかのヒントしか含まれていない．地球に関するいろいろな学説の間の相違点のいくつかの原因となる技術的文献の中のギャップは，宇宙船の助けを借りてせばめることができる．そうして当面の社会的な重要問題に取り組む場合，技術者たちが頼りにするデータはもっと確実に最新のものになるだろう．

1960年代に宇宙飛行士たちがとった大陸の写真は，非常に微妙にバランスのとれたメカニズムが地球を住むのに適当なものにしており，また人類は今まで自然の偉大さのそでにほんのかすかしか触れていないのだということを示唆している．これらの写真を見て多くの思慮深い人々は20世紀に生れたことを感謝するようになった．地球についてこれほど多くのものをこれほど生き生きと見ることはこれまで誰にもできなかったからである．

人間が地球の表面に刻み込んでいるしるしは比較的浅いものではあるが，地球を取り巻く軌道を回っている宇宙船からはよく見ることができる．画面はアフリカの川を示すもので，下部の暗いまっすぐな線はハルツーム南方のスーダンにおける綿畑のかんがい水路である．青ナイル川は沖積はん濫原を流れ下った後，白ナイル川とハルツーム付近で合流し，エジプトの砂漠を横断している．ナイル川の流域面積は約300万km²に達し，アメネメトⅠ世の時代以来，ナイル川の水制御に努めてきた．

AS7-6-1718

5
人　間　の　手

その持っている自然資源を，その価値をそこなうことなくそれをふやして，次の世代に伝えるべき遺産として取り扱っている国は良い国である．

セオドア・ルーズベルト

1970年には，毎晩テレビの全国ニュース番組は「世界を救うことができるか？」という問題と関連したできごとの特集を取り上げていた．テレビカメラが回ったところはどこでも，魚，鳥，沼沢，岸辺その他の自然環境は，人間の手によっていたるところ危険にさらされているように思えた．リポーターにとっては，陸地のいかなる部分もそれが以前にあった状態と確かに同じと見えたところはほとんどなかった．

地球上における人間の影響＝インパクトは，初めはごく小さいものであったに違いない．土地をすき起したといっても，それは表土のわずか25cmをかき回したにすぎず，これは地球の直径１万2700kmに比べると，ほんのかすかなひっかき傷にすぎない．だが，広大な地域が所有地の境界を示す幾何学模様を示して，耕作のためにすき入れされている場合には，人工衛星の軌道高度から人間の手の影響を明らかに認めることができるのである．

世界全体の農耕地面積の増加と，単位面積当りの収量を増加させるための土壌改良は，人口の増加を可能にしてきた．人口の増加傾向は，西暦2000年までに地球上に現在ある農耕地で養える人口の２倍になることを示している．そのときまでにわれらの地球の表面は，より広い地域が耕されるなど，人間の存在を示すより多くの痕跡が示されるようになるであろう．

コーネル大学の天文学者カール・サガンは次のように言っている．――地球上の天文台から望遠鏡で天体を観察するのと同様に，もし火星上の観測所から望遠鏡で地球を見れば

〔地球上の〕農作物と落葉樹林の季節変化はおそらく観測されるであろう．しかし，これらの現象についての種々の解釈も多分提起されるであろう．巨大な工学構築物や土木工事などはその大部分が見分けられることはないであろう．そして夜の大都市の光だけが，周縁から判別されるであろう．核爆発は見えるはずである．だが，その現象が見える時間が短時間なので，多くの爆発は探知からもれ，そのほとんどすべては確認不可能であろう．

その結果，地球に関して，それ以外の知識を持ち合わせていない科学者は，見えるものが，人間が手を下した結果なのか自然の模様なのかを区別するためには，地球の周囲を何回も回って観測し，もしできれば，地球上に着陸してみることをしなければなるまい．地球を包んでいる大気圏外からだと，非常な低高度からでも陸地表面は，初めは「プランのない巨大な迷路」のように見えるであろう．地球表面では，無生物現象，生物現象，人間の社会的活動の結果

を示す現象が混り合っているので，宇宙船から写した画面で人間の手になるものがどれであるかを識別することはしばしば困難である．

地球についての写真の情報をカテゴリー分けすることは，長年それをやってきた地理学者に対する一つの挑戦になるであろう．地理学者は彼らの研究を数十の研究分野に細分し，現在，彼らはその地域地理学，自然地理学，農業地理学，都市地理学，政治地理学，歴史地理学，その他の特殊問題の地理学を専門にする傾向にある．しかしながら，地球上に見える事象の多様性，見える現象間に発見され続ける複雑な相互関連は，専門地理学者にとっても地球上の新しい情報面のカテゴリー分けをすることを困難にしているのである．米国地理学者協会の著名な会員リチャード・ハーツホーン教授は「多くの研究者が骨の折れる研究をやった結果でさえも，地球の表面状態を見て，それが人間の手のまったくついていない純粋に自然だけのものと，主として人間の手によって形成されたものとを区別することは不可能に近いように思える」と1959年に書いている．

数世代前には，地球の表面景観がどうなっているかということは，学者の手に残された比較的小さな問題であった．野獣を飼い慣らすことに努めていた一般民衆には，このようなことを気にする必要はなかった．まずしなければならぬほかの仕事があったのである．だが，文明の進歩した昨今では，人間活動の幅がおおいに広まり，その影響があらゆる場所で有識者の男女の深い関心事になってきたのである．若いアメリカ人は1970年，初めて「地球日」（Earth Day）を祝ったのである．

地球からのわれわれ人間への贈物も，もしわれわれがそれをあまりにも乱用乱費するならば，それが無尽蔵のものではなくなることを，多くの人々は遅まきながらも気がついてきつつある．地球資源の人口１人当りの使用量は，すべての国で増加してきた．米国内務省は，現在の消費率でいけば，銅，鉛，亜鉛，その他の鉱物資源埋蔵量は今後数十年間で枯渇してしまうであろうと繰り返し警告してきた．森林保存は，木材需要に対応するためには本質的な問題になってきた．水文学者たちは，世界の若干の地域では水がその開発制限因子になっていることを力説している．国連食糧農業機構（ＦＡＯ）は，21世紀初めには現在生産されている量の３倍の食糧が必要になるという推算を行っている．こうして，地球上の天然資源の量とその分布に関する正確な知識を持つ必要がますます緊急の課題となりつつあるのである．

キャロル・ウィルソン教授は1970年，マサチュセッツ工科大学の環境危機問題の夏の研究会を組織して，次のように述べている．

地球の危機の問題に関する適切な資料は非常に乏しい．そして，このことは地球の危機という意味に対するわれわれの理解を著しく制限することになっている．世界の生態系に対する人間の予想されるインパクトの結果を事前評価し，環境破壊の危機あるいは破滅を避けるために行動を起す時間をかせぐためには，21世紀までをも含めたより良い推定を行う必要がある．

閉鎖型の生命維持システムは，他の惑星への長い旅に出発する人々にとっては本質的なものである．その旅に出る宇宙飛行士に対する食物，水，呼吸する空気を確保する問題，廃棄物を再回転し再生する問題は，明らかに地球環境保護のためにわれわれがしなければならない問題と類似した同じことである．太陽系探査を続けるために行われた研究は，地球上における人口増加によって廃棄物の大量発生，大気，水汚染によって引き起されたむずかしい技術的問題の解決のためにも役立つであろう．

何人かの生物学者や社会学者は，われわれが現在の貧弱な知識に基づいて自然過程の中への人間の侵入を続けると，その影響が大きく，世界の広大な地域が人間の居住ができなくなりうるという警告を発している．それゆえ，想像できるように，地球に対する人間の手のインパクトを規制する新しい法律を制定するちょうどよい時になっているのかもしれない．1970年代における一連の無人地球資源衛星の打上げは，ジェミニ，アポロ衛星が撮影したものよりもはるかに多くの地球上の状態，現象を観測することができる

アスワンダム

AS9-20-3177

ナセル湖＝アスワンダムによってせき止められた長くて巨大な水塊は，前景のエジプトの風景を威圧している．地平線の向う側が紅海である．矢印はダムサイトを示すものである．このダム建設はエジプト経済の刺激剤とはなったが，その影響はすでに地域経済に明らかに認められてきた．ダムが鉱物性栄養塩類を含む水をせき止めたための地中海の漁業への影響がしばしば報告されている．

ようになるはずである．そのうえ，これらの衛星は精度の高い新型測定器を載せているので，宇宙飛行士が手で持って写したカメラより，よりすぐれた成果をあげうることが期待されている．

既知の知識が写真判読者を助けている

ニューヨーク市を訪れた人々は，エンパイアステートビルの屋上から見た方が，マンハッタン島の形と大きさを知るのには，街路の混雑の中から見るよりもわかりやすいことに気がつくはずである．同じ理由で，地球上のことも問題によっては，一つの谷の中で詳しい調査をやるよりも上空から見た方がよりよくわかることもある．

1859年，パリの上空を飛んだ気球に載せられていた最初のカメラは都市，田舎，へき遠地研究の新しい武器であった．空中写真の使用増加は20世紀に起り，地球上の多くの地域で飛行機による写真撮影が地域－都市計画家，資源管理者の依頼によって行われた．農作物収量の予測ができ，油田の採掘適地の選定，われわれの生命と安寧福祉を脅かす災害予知に役立つ新しい飛行用の測定計器の開発により，航空写真利用には以前よりも急速な進歩が見られた．

オーバーラップした写真をとることにより，地上の立体像が得られ，等高線図は改良された．画像を記録するのに，種々の波長の電磁スペクトルを使用することによって，目で見ることのできる可視光線の波長域によるよりもより明瞭に，そのものの特性をとらえることのできる波長域が発見された．飛行機からの連続撮影をした何枚もの小地域の写真を集めて，張りつなげて，広い地域の１枚のモザイク写真をつくる．それが地理学者，地質学者，土木技術者の壁に張りつけられることになるのである．さらに最近では，写真画像を解析し，その選択拡大を行うためにデジタルコンピューターを使うことにより，高高度からの写真の有益性がはるかに拡張されてきた（その一例は65ページにある）．

航空測量のために開発された技術の大部分のものは，宇宙からの測量の場合にも役に立った．全域をある瞬間に写した１枚の写真の方が，相異なった撮影点から，相異なった光の状態で，相異なった時刻に写した写真のモザイクよりもより良いこともしばしばある．マーク・トウェインが書いているように，昔のミシシッピ川の河船のパイロットは，水面を少し離れたところから見るようにと教わっていた．蒸気船のパイロットにとって川の泡立ち，水の渦，水の色が大事であるのと同様に，衛星写真の判読者にとっては地球上の線，色調，組織，影，その他の要素が意義深いものになっているのである．

われわれが以前から持っている知識が，地球の写真を読むことを容易にしてくれている．雪と雲を区別するには注意深くやればよいし，工場からの煙あるいは山焼きの煙を認定することは，他の惑星の写真を研究する場合におけるより，ずっと確信を持って行うことができる．予備知識があれば，地質学者は山地の断層線がどこにあるのかを告げることができ，海洋学者は海洋中の海流の位置を発見できる．それゆえ，われわれは全世界的な情報を集め，地球の管理を改善するために衛星を使うことの準備は十分できているのである．

地球資源実験衛星（ERTS）は太陽同調軌道で地球のまわりを回り，同一地方太陽時に太陽に照らされている半球のあらゆる部分の写真をとることができる．地上の探検家によって集められていた地表の調査資料は，宇宙から電子的に送信されてくる情報によってずっと豊富になった．そして地上の変化は，以前には航海士，鉱山探鉱者，登山家によって報告されていたが，それよりも，ずっと早く知ることができるようになった．

この新しい方法で得られた資料はまた，分析され，世界中の科学者に以前可能であったよりはるかに早くその結果を伝達することができるようになっている．これはまた世界の人口稠密地域についても，人間がめったに足跡をしるすことのない地域についても，その変化の正確かつ最新の測定を可能にしている．

原始人や初期の社会の人々は，絵や現在は書かれも話されもしていない死んだ言葉の碑文や巻物を残している．そ

AS9-26A-3805

ニューメキシコ砂漠中の小さいが明らかに人間がつくった円形は，ホワイトサンドのミサイル射爆場の機械測定設置の所在地で，風化したアルカリ土壌が取り除かれているので，はっきりと所在を認めることができる．そのすぐ右手，山脈の手前の地点がトリニティサイトで，1945年７月16日，秘密裏に世界で最初の原子爆弾の爆発が行われたところである．

AS7-6-1696

地中海の東縁で，画面の中央すぐ上にある直線を境にして砂漠の明るい色が変っている．これはエジプトとイスラエルの間の人為的国境によるものである．この線のほとんど真上に死海が見える．そして次ページには，ほとんど真上から見たその姿が示されている．

して学者は，こうしてわれわれに書き残されたメッセージの多くを判読することを研究している．1960年代に宇宙飛行士によって写されたいくつかの写真は，初めは何を示すのか専門家をも素人と同様に困惑させた．しかし，その後細い線，特殊な形，それらの異なった色の分析が，その判別に非常に有効であることがわかった．

地球の衛星写真を研究するにあたり，初心者は人間の手が加わったものをまず発見する努力をすべきである．そして経験は次のようなことを教えてくれる．

- ダムによって形成された内陸水塊は自然の湖よりは少なくとも一端がよりはっきりした幾何学的な湖岸線を持っている．
- 人間が構築した運河と高速自動車道路はほとんど常に，河川が流れランダムに変った流路より，より直線的である．古い道路は直接都市内へ入っているが，新しい自動車道は都市を迂回しているものが多い．
- 人間が伐採した森林はその形が規則的で，落雷により発火し風が吹き広げた山火事の跡とは異なっている．
- よく耕作されている畑地は，すき入れをまったくしたことのない土地に比べると一様にキルティングしてあ

AS7-6-1698
死海は地殻の一つのブロックが海水面下に落ち込んだ地域を占めている．その下端に建設された蒸発用の皿状の池が認められ，そこから化学薬品が採取されている．太陽と風が，これらの池の中の海水を乾かしている．あとに残った物質を精製するための水は，死海の南方のこの構造谷の砂れき中にある井戸水を使っている．

るように見える．そしてこの種の耕された畑地は通常，湿気の多い土地またはかんがいされた地域に多い．

- 大都市地域はよく働く昆虫が急いで織った網かパッチのように見える．

人間は数千年間，地球の外貌を変えることをやってきたが，遠くから見た目にはほとんど変ってはいない．最近の技術は，大きくその外貌を変えることを可能にし，またわれわれ人間が手を加えた影響を測定することもできるようにした．この章に掲げた写真は，初めて見た人にも，人間が地球表面に残した痕跡がどのようなものであるかもっと知りたいと思わせるはずのものである．

検証できる発見が図示されている

アポロの飛行前にジェミニに乗った宇宙飛行士が写した写真は，天然資源の管理を行うために，衛星写真を利用することの潜在価値が高いことを示してくれた．現在では畑地，森林，他の地球表面の調査対象の空中からの偵察調査が，当時よりはより完全にかつより短時間でできるようになった．それでアポロ９号の宇宙飛行士は，バークレーのカリフォルニア大学のロバート・N・コルウェル教授が「歴史上最も重要な写真実験になることが容易に証明できると信ずる」と言ったことを行うための道具を携行したのであった.

それは記録技術のテストと新しい種類の情報を正しく判読する実験であった.米国の農務省,内務省,ESSA,海軍海洋局,大学および工業関係の研究者が NASA とともにこの研究に参加した.この本の中のいくつかの写真は,その結果得られたものである.

ジェミニ宇宙飛行士が使っていたのと同種の手持ちハッセルブラッドカメラに加えて,アポロ9号には特別にデザインした四つのカメラのパッケージを載せていた.これは同じ風景を,同時に四つの異なった波長で撮影記録することができるように作製されたものであった.地球の表面には,特定波長の輻射エネルギーを大量に反射し,射出する特性を持ったものがある.それゆえ,特定の波長で写真を写せば,他の波長で写した場合よりもよりよく検知できうるものもある.異なった波長で写した写真を比較することによって,ただ一つの波長で地球表面を写したものよりもはるかに多くのことを知ることができるのである.

アポロ9号に積まれた特別パッケージの四つのカメラのうち三つで緑,赤,近赤外の三つの異なった波長の写真を撮影した.第4番目のカメラには赤外カラーフィルムが入れてあり,これはこれら三つの波長バンドのすべてに感じる染料を含んでいた.パッケージの中で,個々のカメラはその背後のフィルムに適正露出になるようにセットされ,シャッターは同調するようにしてあった.アポロ9号からとられたこれら4種類の写真とそれに関連した研究から,農耕地,牧場地,森林,地質構造,その他の地球表面の特性を調べるにあたっては,衛星写真をどう使えばよいかについて多くのことを学ぶことができた.

科学者にとっては,あまり使われていない光の波長バンドで写された写真は,通常の写真よりはより価値あるものであることがしばしばであったにもかかわらず,われわれの大部分には不自然に見えた.たとえば,あまり使われていないある波長の光で写すと,元気のよい緑の畑地は,白黒画像でも,われわれの眼が感じる可視部の波長バンドで写した通常の写真よりも,ずっとはっきり写る.そして,こういう畑地は赤外カラーフィルムを使うと,緑色ではなく,むしろ赤色に写る.

同様にして,素人には地球表面状態を見るときに垂直写真よりも斜め写真の方がよりはっきりしていて見やすいということがしばしばあるが,科学者は垂直写真からより多くの研究調査に役に立つ情報を引き出すのが普通である.それゆえアポロの宇宙飛行士は,彼らが地平線の方向で見たものと真下に見おろした時の風景の両方を記録,撮影していたのである.

アポロの乗組員に,これら種々の方法で写真をとることをアレンジしたのに加えて,写真実験の計画者はそのテスト地域として地球上の特定地域を指定した.それらの中にはカリフォルニア,アリゾナ,ミシシッピ下流の谷の一部が含まれていたが,それはこの地域についてはすでに多くのことが調べられており,数多くの種々の開発事業の状況を調査することもできるからであった.

アポロ9号のレンズがテスト区域に焦点を合わせた時刻とほとんど同時に飛行機がテスト地上を数百~2万2000mの高さで飛び,種々の光の波長の,地表で反射された光の量をそれらの高度で測定記録した.これらテスト地域中の若干地点を選び,そこでは地上における写真も写され,土地の種々の状態のところからの輻射エネルギーが測定された.1年の相異なる時期に,同一作物を繰り返し写した写真は写真判読者の手助けとなる.そしてまた,3月のアポロ9号の飛行のあと,春夏を通して飛行機から毎月同じ場所の数多くの写真がとられた.

こうして,これらの地域についてのグランドツルース(地上の実態)は,一つの雲が投げかけるであろう疑いの影——写真の風景におけるものも,判読者の頭の中に浮かんだものにして——を解決した.このことは,農業,林業,他の応用科学の専門家に,アポロ9号が持ち帰った写真の精度をチェックするために行われたものである.このようにして発見されたことは,その後の地球資源実験衛星(ERTS)

AS9-26A-3807

この赤外カラー写真の中央の縦の線はニューメキシコとテキサスの州境である．この線の左右の地表景観の違いは，両州のかんがい用への井戸水の使い方の違いに帰せられる．この写真撮影時には植生の大半は休眠中であった．

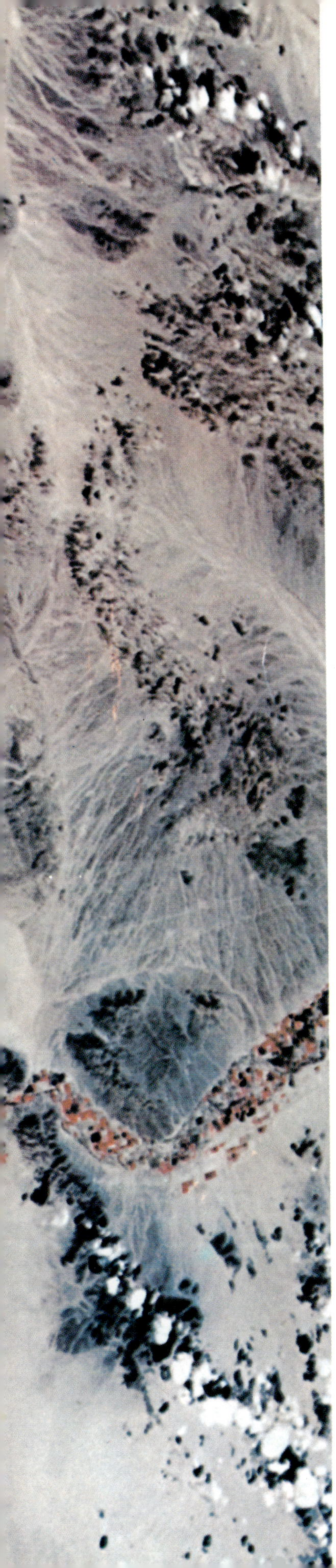

AS9-26A-3698A

赤外カラー写真左手の小さい赤の正方形は農耕地である．左手下端はソルトン湖とメキシコの間にあるカリフォルニアのインペリアル河谷である．国境で色が違っている．カレヒコとメヒカリは国境の明色のところである．谷から東方へ走る細い灰色の線はオールアメリカ運河である．コロラド川は画面の右半分にある．

インペリアル河谷はアポロ９号の撮影実験中に通常のカラー写真でも写されている．近傍の乾燥地域は白色よりむしろ黄色に写っている．米国とメキシコの国境も見分けることができるが，赤外カラーフィルムを使った場合ほどには鮮明ではなかった．

AS9-21-3287

AS9-20-3146

経験を積んだ専門家なら，この４枚の写真の中から人間が手を加えたものを識別することができる．左の暗い変った形はテキサスとオクラホマ州境にあるテクソマ湖である．その広い下方の触手は切られたように見える．ここがデニソンダムの位置で，ダム下流の水路は暗い線で示されている．画面下端のほとんど垂直の明るい線は，ダラスへ通ずる道路である．

下図はメキシコ市とそれを取り巻くいくつかの火山（暗い地域）を示すものである．画面下部中央にあるまんまるな大きな点は人間が築造したものであることを示している．事実，これは排水施設の一部で，水路はそこから画面の下限へつけられている．

AS9-19-3012

AS9-20-3124

右の写真はカロライナ海岸の二つの内陸貯水池を写したものである．サンティーダムがその一つであり，はっきりした湖岸線を持つマリオン湖ができている．そのそばのもっと円形をしている水塊がムールトリー湖である．おもな川はサンティー川，ブラック川，ピーディー川である．南カロライナ州のチャールストンは右側に写っている．

北カロライナ州の風景で，雲といくつかの川の下にあるいくつかの小さい長方形は人間居住の最も明白な証拠である．これらの長方形はフォートブラッグ軍用地で，木や草を刈り払った区域である．その右手には海岸平野に分散している森林と畑地の水を排水しているニューズ川といくつかの小流が流れている．

AS9-23-3553

AS6-2-1443

南西アリゾナの起伏地を写したこの写真には，人間の存在を示す二つの手がかりがある．おわかりだろうか．画面中央上の大きな白い場所は自然に形成されたウィルコックス乾燥湖である．だがその上と下に小さい長方形がある．これは谷の中のその部分が耕されていることを示すものである．もう一つは画面下端近くに見える白い煙の柱で，アリゾナ州ダグラス付近の煙突からのものである．

AS6-2-1467

画面上部にはレッド川の赤い流れがある．その上の長方形はルイジアナ州シュリーブポートに近い一つの飛行場である．細く白い上下に走る線はハイウェイ80号で，シュリーブポートから東方へ走るものである．グランドツルース（地上の実態）がすでにわかっている場所についてのこのような写真の解析実習は，写真判読訓練のすぐれた方法の一つである．

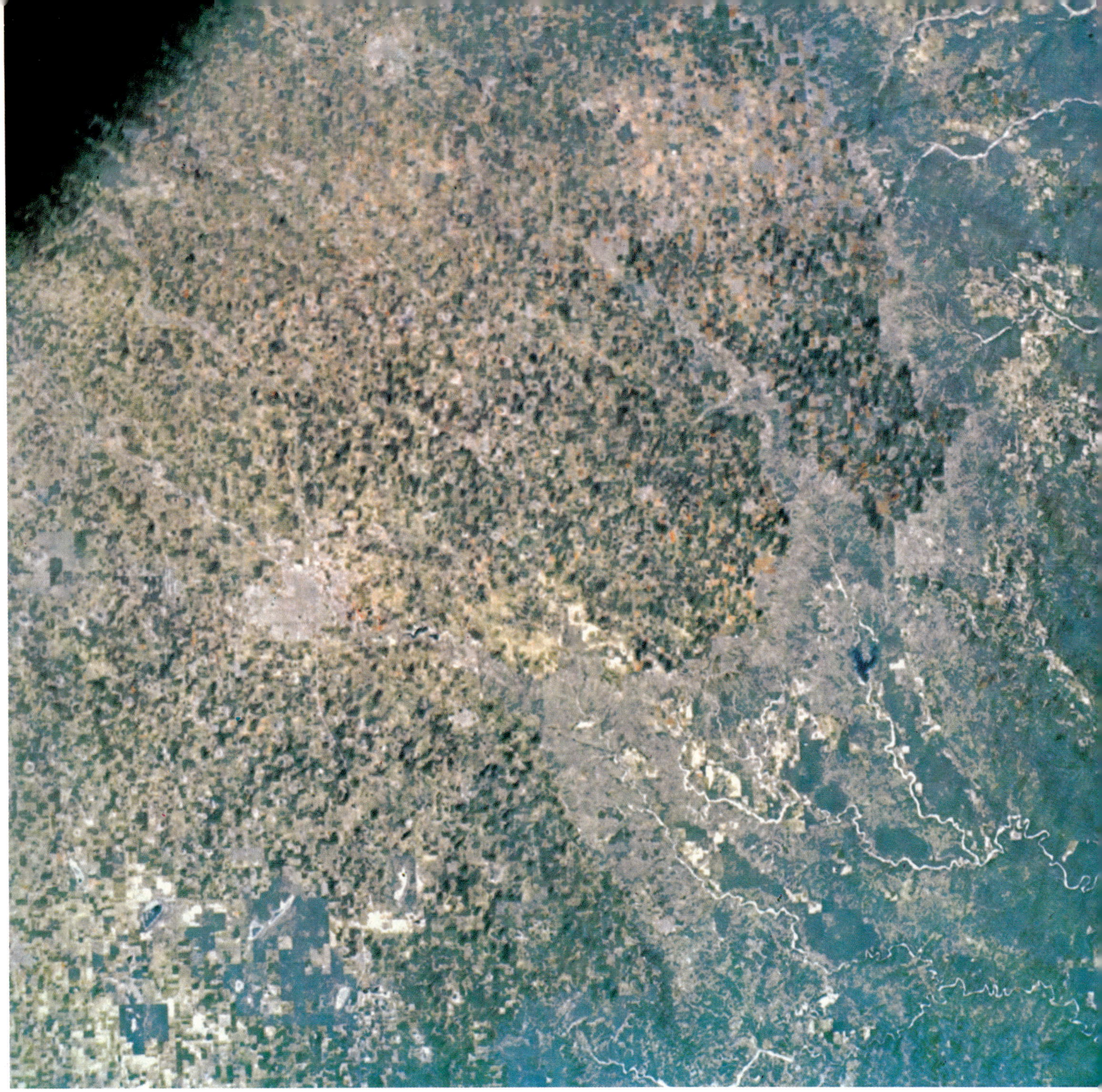

AS9-26A-3808A

この赤外カラー写真の上部のキルティング模様は，テキサス州リュボック周辺の農耕地である．作物が成熟している時を，同じフィルムを使って写せば，畑地は赤く見えるはずである．画面の右の部分はキャップロックエスカープメントを排水するホワイト川とピース川の流域になっている．テキサス州のこの部分から，大平原はカナダへまで広がっているのである．

AS6-2-1447

画面の対角線状の細長い地帯はリオグランデ河谷の耕地である．この写真は右手にあるチュラローザ河谷のほとんど真上から写したものである．右上にあるのはホワイトサンド国定記念物であり，エルパソは右下にある．この写真を精細に検討した写真判読者は鉄道と自動車道路を示す直線を見つけることができる．サザンパシフィック鉄道は単線であって，その線路幅は 1.5 m であるが，時々写真を見る程度の人にとっては人工物よりも自然の景観，現象の方がよりわかりやすい．

AS9-23-3521

ナイルデルタの大きな黒い三角形．画面を横断し，そこへ向っている幅広いリボンは数千年来人間が居住していた河谷である．カイロは画面の中央で，谷が広がり始めたところにある．ナイル川に平行しているのが地中海とスエズ湾をつなぐスエズ運河である．このように写真を細かく精査することが集落のパターンを研究する地理学者にとっては役に立つことが証明された．

AS7-8-1918

この細長い湾の左手の色の薄い部分がアラバマ州のモービルである．細い煙の柱はメキシコ湾上にふんわりと浮んでいるが，これはその下の点から出されたものである．モービル湾の水はアラバマの高地と海岸平野から運び込まれた堆積物によって黒くよごれている．その堆積物の一部は，画面前景にある湾の入口を通ってメキシコ湾へ流出しているのが認められる．

AS7-11-2022

北アメリカ西岸に近づきつつある白い雲の下の灰色のもやはロサンゼルスのスモッグである．その東方の山脈を越えたところがモハーベ砂漠とサノーキン河谷である．サンアンドレアス断層はモハーベ砂漠の西縁を限っている．地平線上の雲は西コルディレラ山脈上のものである．

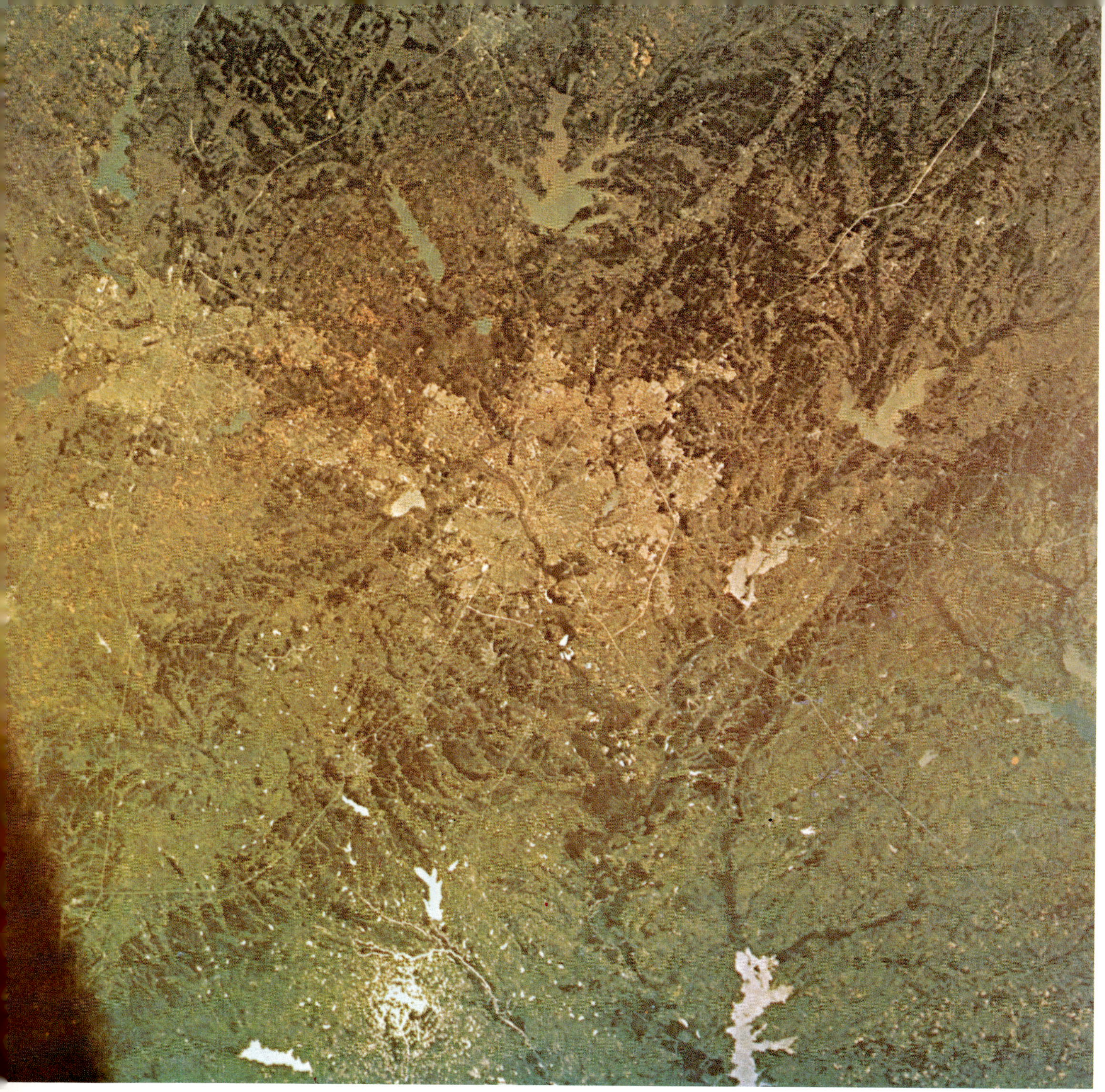

AS9-21-3299

最近，都市地域に住む人の数は以前より多くなっている．この写真の中央の二つの明るい色の地域が，相互に結び合っているところに，約200万の人々が住んでいる．ここはテキサス州のフォートワースとダラスとその郊外である．このような写真から，熟練した写真判読者は画像描画装置を使って，現在地図上に記録，表示されているより，より短時間に都市成長の図をつくることができる．これらの都市周辺の貯水池，河川，自動車道路は明らかで，簡単に見つけることができる．

AS-26A-3801A

アポロ９号の撮影実験の一部として写されたこの赤外カラー写真の中央少し右に，アリゾナ州のフィニックスがある．写真解析者は，現在全域の５％が都市域に，20％は農耕地に，43％が牧場に，24％が山地と丘陵地に，８％が水域になっていると計算している．1970年の国勢調査ではフィニックスのあるマリコーパ郡の人口は45.2％の増加を示した．川沿いの人口居住の集中に注意．

の設計者の助けになったばかりでなく，衛星写真の判読をする学生の訓練用にも使われ，また，画面の明瞭度を高めるために開発された種々の工夫のテスト用に使われた．

この実験およびそれに関連した研究から，判読者は大気圏の上からの農場の畑地の外観の季節的，その他の変化によって作物の種類の違いを見分けられることを発見した．かんがい用に川の水を使い，その水のエネルギーから電力を生産する副次効果についても調べることができた．ある種の大気汚染，海岸線付近の海洋汚染は，今や写真を見てすぐ指摘することができる．技術のこれからの進歩によって，地球資源のモニタリングに衛星を使うことが，今より増加するように思える．

写真を見た多くの人々が驚いたことに，政治的境界すなわち国境や州境が自然状態の境界と同じぐらい明瞭に認められるところが世界にはあるということであった．カリフォルニアのインペリアル河谷はテスト地域の一つであった．そして米国とメキシコの国境が赤外カラー写真上に，地図を描いた人が定規を使って線を引いたように明瞭に示されていた．他のアポロの写真では，ニューメキシコとテキサスの間の完全な人為的な州境が，あたかも2枚の別々の写真をそこで張り合わせたのと同様に明瞭に認められている．地球の反対側でもまた，本来はまったく同一の土地の外観が，そこで人間が行っている土地利用の差で非常に異なって写っている場合がある．イスラエルの国土はエジプトの砂漠と異なった色調を呈しているのもその例である．州境，国境が衛星写真で見分けられる場合は多い．もちろん，境界線が河川に沿っているところはどこでもたどることができるが，晴天の日に写された垂直写真の中には，その河床の違いを知ることのできるものがある．

専門地理学者の目標として「写真に写っている地球表面の種々の特徴を正確に，規則的に，かつ合理的に判読する」技術をつくりだすことが久しく要望されていた．衛星写真はすでに最も良いとされていた地図や測量のまちがいを数多く提示している．ある山地やある島は，衛星写真によって他の目標になる地物と一緒に写されたことにより，その位置が，それまでに想定されていたところと必ずしも一致していなかったことが知られたし，都市発展の状態も，現在発行されている地図より写真の方がより良く示している例もいくつか発見されている．

しかしながら，1960年代に写された衛星写真は，まだ科学者が頭の中に描いていたこの方面の技術のこれからの飛躍的発展への第1歩のしょ光を与えただけのものであった．地理学者の目標が達成されるためには，まだ多くの仕事が残っている．一方，これらの写真は多くの人々に，「われわれの住む地球がいかに構成されており，その風景がどういう意味を持つものか，また空に浮ぶ雲の分布がどういう意味を持つのか」の理解を若干深めるのに役立っていると思える．

訳者あとがき

これはNASA（米国航空宇宙局）の手になる衛星写真集This Island Earthの翻訳であり，同じ朝倉書店から出版された「日本の衛星写真」の姉妹版と言ってもよい．

これらの衛星写真によって，まず私たちは私たちの地球が小さいものであることを知るはずである．たとえばアポロ宇宙船からとった地球の写真は，地球が天空にかかる微小な球であることを示している．このような衛星写真を見るまで，われわれは何とはなしに，地球の大きさが無限大であると考えていた．したがって地球上には限りない資源やエネルギーがあり，また地球は人間活動によって容易に汚染されるものではないと考えていた．これらの考えがあやまりであり，この有限な資源やエネルギーを分け合って，約40億人の人間がこの微小な球の上で生きていかなければならないことを象徴したのが「宇宙船地球号」という呼び名である．

衛星写真はまた，地球がたいへんに大きいことをもわれわれに教えてくれた．たとえばある断層のゆくえをたどり，またある河川の汚染を調べる際に，地球上をはうようにして調べる調べ方にはある限度がある．地球があまりにも大きすぎるために，このような調べ方では「群盲象をなでる」段階から抜け出すことが容易でないのである．こういう場合にわれわれは，衛星を使って，適当な高さから地球を展望する．高さとともに展望が開け，問題の思いがけない解決がわれわれのものとなるのである．

このような二つの考え方を念頭において，どうかこの人工衛星写真「われらの地球」中のカラー写真を心ゆくまでながめていただきたい．そこから新しい地球観といったものをつかんでいただければ，われわれの幸いこれにすぐるものはない．

なお，本書の翻訳に関しては，日本語版への序にあるようにNASA当局の全面的な協力があり，翻訳の許可とともに日本語版には必ずしも必要としない部分については削除することの了承を得られた．

そこで第6章Across North Americaと第7章Beyond This Island Earthは本書から割愛した．前者はアメリカ国内向けの内容であり，後者は人工衛星の構造機能の概説であったからである．

最後に，この骨の折れる本書の出版に尽力された朝倉書店の編集部の方々に深く感謝する．

昭和50年秋

竹内　均
関口　武
奈須紀幸

索　　引

アガディール　Agadir(モロッコ)　34
アカバ湾　Gulf of Aqaba　75,77
アジア　Asia　29,41,68,70,72,73,74,82,90,92
アスワンダム　Aswan Dam　105
アタカマ砂漠　Atakama Desert　88
アデン湾　Gulf of Aden　70,76
ERTS　Earth Resources Technology Satellites　67,104,106,110
アファー三角点　Afar Triangle　76
アフガニスタン　Afghanistan　74
アフリカ　Africa　27,32,34,56,70,78,83,84,85,86,87,92,93,94,95,102,105,119
アポロ　Apollo　69
　アポロ6号　Apollo 6　23,24,27
　アポロ7号　Apollo 7　28,29,46,47
　アポロ8号　Apollo 8　3,17
　アポロ9号　Apollo 9　109～110,113,123
　アポロ11号　Apollo 11　34～35
アミスタッド(フレンドシップ)ダム　Amistad(Friendship) Dam　25
アラスカ　Alaska　65
アラビア半島　Arabian Peninsula　70,91
アリゾナ　Arizona　13,64,110,116,123
アルジェリア　Algeria　83,84
アルゼンチン　Argentina　82
アレクサンドリア　Alexandria(ルイジアナ州)　98
アロル　Alor　61
アンダース　William A. Anders　17
アンデス山脈　Andes Mountains　70,88,91
アントファガスタ　Antofagasta(チリ)　82,88
アンドロス島　Andros Island　54
アンブリエル　Umbriel　8

イ　オ　Io　7,11
イスラエル　Israel　108,124
伊勢湾　Ise Wan Bay　82
イフニ　Ifni　34
いん石　Meteorites　70
インド　India　41,68,73,90,92
インドネシア　Indonesia　61
インド洋　Indian Ocean　23,37,41,49,61,95
インペリアル河谷　Imperial Valley　112,113,124

ウィルソン　Carrol L. Wilson　104
ウィルソン山　Mount Wilson　11
宇宙船　Spacecraft　50,70,101

エアリエル　Ariel　8
エジプト　Egypt　85,100,102,105,108,119,124

エチオピア　Ethiopia　76
X　線　X-rays　5,6
ESSA　Environmental Science Services Administration　37,65,66〜67,110
ATS-1　50,66
ATS-3　50,66
エベレスト山　Mount Everest 68
エルパソ　El Paso(テキサス州)　118
塩　原　Salt flats　82
塩　湖　Salt lakes　76,86

オクラホマ　Oklahoma　114
オーストラリア　Australia　2,34〜35,37,89
汚　染　Pollution　33,41,57,58,59,100,101,103,104,119,120,121
オハフ島　Oahu　44
オベロン　Oberon　8
オリノコ川　Orinoco River　96
オールアメリカ運河　All-American Canal　112
オールドバハマ海峡　Old Bahama Channel　55

海王星　Neptune　8
海洋学　Oceanography　45〜57,60,70
カイロ　Cairo(エジプト)　119
カウアイ　Kauai　63
カウラカヒ水路　Kaulakahi Channel　63
カエジ　Kaédi　92
火　山　Volcanoes　13,44,51,61,70,71,74,76,80,82〜83,84,86,87,114
ガスコイン川　Gascoyne River　89
カースン　Racher Carson　67
風　Wind　21,22,26,28,29,31,34,78
火　星　Mars　11,15
合衆国　United States→米国
ガーナ　Ghana　32,92
カナダ　Canada　65,117
カーナーボン　Carnarvon(オーストラリア)　89
ガニメデ　Ganymede　11
カブール川　Kabul River　74
カフレー　John Caffrey　3
カマグイ群島　Archipelago de Camagüey　55
カリスト　Callisto　11
カリフォルニア　California　43,110,112,113,121,124
カリフォルニア半島　Baja California　25,43,65,81
カリフォルニア湾　Gulf of California　48,62,80,97
カリブ海　Carribbean　38,39,42,50,55,60,61
ガリレオ　Galileo　7,9,10
ガルベストン　Galveston(テキサス州)　58
ガルベストン湾　Galveston Bay　46

カルマンの渦　Kármán vortex　52
カレヒコ　Calexico　112
川　Rivers　25,46,47,68,74,95,96,97,98,100,115
かんがい　Irrigation　100〜101,110,111,124
環　境　Environment　4,19,91,100
環境改善委員会　Council on Environmental Quality 20,43
環境科学サービス管理機構　Environment Science Services Administration→ESSA
環境問題　Environmental problems　103〜104
ガンサー　Augusto Gansser　83
ガンジス川　Ganges River　68,90,92
ガンダク川　Gandak River　90

キーウェスト　Key West(フロリダ州)　50
気象学　Metoorology　20〜43,50〜57
北アメリカ　North America　2,13,25,28,29,31,38,46,47,48,57,58,64,65,71,79,80,81,82,97,98,99,107,111,112,113,114,115,116,117,118,120,121,122〜123
北カロライナ州　North Carolina　115
北半球　Northern Hemisphere　14
ギニア湾　Gulf of Guinea　32
九　州　Kyushu　29
キューバ　Cuba　55
漁　業　Fishing　49〜50,89,105
極　冠　Polar cap　2,11
キングストン　Kingston(ジャマイカ)　61
金　星　Venus　15〜16

グァテマラ　Guatemala　82
クァンゴ川　Kwango River　94
グアンタナモ　Guantanamo　50
クウィル川　Kwilu River　94
クウェゼリン島　Kwajalein　42
クウェート　Kuwait　50
雲　Clouds　22,30,33,37,40,49,51〜56,66,72,115,116
　絹　雲　Cirrus clouds　25,27,29,32,78,79
　積　雲　Cumulus clouds　62,64,78
　層積雲　Stratocumulus clouds　24
　層　雲　Stratus clouds　34〜35,88
　——の渦　Cloud eddy　34
　——のバンド　Cloud bands　28
　——の輪　Cloud rings　20
　熱帯の——　Tropical clouds　23
雲解析　Cloud Analyses　37
グリーンランド　Greenland　14,16〜17,36,65

コ・イ・バーバ山脈　Koh-i-Baba Mountains　74
紅　海　Red Sea　70,75,76,77,105
洪水予報　Flood prediction　64,66〜67

鉱物資源　Mineral resources　49～50
氷　ce　14,16～17,36
国　境　Boundaries　80,92,108,112,113,124
黒　点　Sunspots　5
五大湖　Great Lakes　65
コルウェル　Robert N. Colwell　109
コロラド川　Colorado River　97,112
コンゴ　Congo　94
コンゴ川　Congo River　94

サガン　Carl Sagan　103
砂　丘　Sand dunes　83,84,85,93
サーニ　B. Sahni　83
サノーキン河谷　San Joaquin Valley　121
砂　漠　Deserts　37,75,76,83～91,100,102,107,108
サハラ砂漠　Sahara desert　27,83,84,85,86,87,92,93,100
サバナ　Savannah(ジョージア州)　57
サラ・デ・アタカマ　Salar de Atakama　82
サンアンドレアス断層　San Andreas Fault　121
サンクレメンテ　San Clemente(カリフォルニア州)　43
さんご　Coral　51,55
サンディエゴ　San Diego(カリフォルニア州)　43
サンティーダム　Santee Dam　115
ザンベジ川　Zambesi River　95
サンペドロノラスコ島　San Pedro Nolasco Island　48

ジェット気流　Jetstream　25,27,40
シェラ・デ・ファレス山脈　Sierra de Juarez　81
死　海　Dead Sea　108,109
地震帯　Earthquake belts　70,83
自動画像送信システム　Automatic Picture Transmission (APT)　40
シナイ半島　Sinai Peninsula　75,77
ジブラルタル海峡　Strait of Gibraltar　78
シベリア　Siberia　65
ジャクソンビル　Jacksonville(フロリダ州)　29
ジャストロウ　Robert Jastrow　45, 70
ジャマイカ　Jamaica　61
州　境　Boundaries　111,114,124
シュリーブポート　Shreveport(ルイジアナ州)　116
ジョージア州　Georgia　31,57
進　化　Evolution　45,100
侵　食　Erosion　79

水　星　Mercury　15
スウィートランド　Suitland(メリーランド州)　50
スウェーデン　Sweden　40
スエズ運河　Suez Canal　119
スエズ湾　Gulf of Suez　75,77,119
スカンジナビア　Scandinavia　40
スーダン　Sudan　85,102
スペイン　Spain　78
スレサイジャー　Wilfred Thresiger　91
スンダ列島　Sunda Islands　61

生態学　Ecology　100,105
世界天気監視　World Weather Watch　42～43
舌　端　Tongue　54
セネガル　Senegal　27,92
セレス　Ceres　12

ソコトラ島　Socotra Island　49
ソマリア共和国　Somali Republic　76
ソルトン湖　Solton Sea　112

大アバコ島　Great Abaco Islands　60
大西洋　Atlantic Ocean　27,31,50,52,53,54,56,57,60,78,92
大赤点　Great Red Spot　7,10
タイタン　Titan　10
大バハマ島　Grand Bahama Island　60
台　風　Typhoons　29,50～59
太平洋　Pacific Ocean　2,14,16～17,21,24,30,34～35,42,44,50,51,63,70
太　陽　Sun　4～8,22,41
太陽系　Solar system　4～17,70
太陽反射　Sun glint　41,48,49,50～59,61,62
太陽輻射　Solar radient→輻射
太陽フレアー　Solar flare　5
タイロス1号　Tiros 1　30～37
高　潮　Tidal wave　38,39
ダカール　Dakar(セネガル)　27
タヒチ　Tahiti　51
ダホメ　Dahomey　32
ダラス　Dallas(テキサス州)　114

チェサピーク湾　Chesapeake Bay　39
地　殼　Earth's crust　76～77
地　球　Earth　3,9,13,16～17,22,44～49,75,86
地球資源実験衛星　Earth Resources Technology Satellites (ERTS)　67,104,106,110
地質学　Geology　45～49,69～70,81
チタニア　Titania　8
地中海　Mediterranean Sea　14,27,77,78,105,108,119
チベスティ山脈　Tibesti Mountains　86,87
チベット　Tibet　68,90
チベット高原　Tibetan Plateau　73
チャド　Chad　86,87
チャールストン　Charleston　115

チュラローザ河谷　Tularosa Valley　118
チラン海峡　Strait of Tiran　75
チ　リ　Chile　82,88
地理学　Geography　104,124
チンブクツー　Timbuktu(マリ)　93

ツアモツ群島　Tuamotu Archipelago　51
月　Moon　13,16,70

テキサス州　Texas　25,46,58,111,114,117,118,122,124
テクソマ湖　Lake Texoma　114
デニソンダム　Denison Dam　114
デビルス川　Devils River　25
デビルス湖ダム　Devil's Lake Dam　25
デルリオ　Del Rio(テキサス州)　23
天気予報　Weather prediction　26～29,36～37
天然資源　Natural resources　104,109
天王星　Uranus　8
デンハム水道　Denham Sound　89

トウェイン　Mark Twain　106
等高線図　Contour maps　106
トーゴ　Togo　32
都市の成長　Urban growth　122,123
土　星　Saturn　9～10
トリニダード　Trinidad　96
トリニティ川　Trinity River　46
トリニティサイト　Trinity site　107

ナイジェリア　Nigeria　32
ナイル川　Nile River　100,102,131
　青ナイル　Blue Nile　102
　白ナイル　White Nile　102
ナイルデルタ　Nile Delta　119
名古屋　Nagoya　82
ナセル湖　Lake Nasser　105
南　極　Antarctica　36
南極洋　Antarctic Ocean　45

ニイハウ島　Niihau　63
ニジェール川　Niger River　93
日　食　Solar eclipse　4
日　本　Japan　29,82
ニューウェル　Homer Newell　4
ニューオーリンズ　New Orleans(ルイジアナ州)　47
ニューギニア　New Guinea　58～59
ニューカーク　Gordon Newkirk Jr.　4
ニューズ川　Neuse River　115
ニューメキシコ　New Mexico　64,107,111,124

ニンバス　Nimbus　50
　ニンバス3号　Nimbus 3　36
　ニンバス4号　Nimbus 4　40～42

熱輻射　Thermal radiation→輻射
ネパール　Nepal　68,90

ノイマン　John von Neumann　36
農業　Agriculture　36,92,99,103,104,116,117
ノバスコシア　Nova Scotia　29
ノルウェー　Norway　40

パキスタン　Pakistan　90
バグノルド　Ralph A. Bagnold　100
ハッテラス岬　Cape Hatteras　29
ハーツホーン　Richard Hartshorne　104
ハドソン湾　Hudson Bay　65
バハマ諸島　Bahama Islands　54,60
バマコ　Bamako(マリ)　93
パラス　Pallas　12
バラード　Edward Bullard　49,70,91
ハリケーン　Hurricanes　37,42～43
　カミーユ　Camille　38,47
　グラディス　Gladys　28,29
　デービー　Debbie　39
ハルツーム　Khartoum（スーダン）　102
バルバドス海洋気象実験　Barbados Oceanographic and Meteorological Experiment(BOMEX)　42
バレンツ海　Barents Sea　40
バーロ山脈　Burro Mountains　79
パロマー山　Palomar Mountain　43
ハワイ　Hawaii　21,25,44,63
パンター　Pantar　61

東インド諸島　East Indies　45
ピーズ川　Pease River　117
ピーディー川　Pee Dee River　115
ヒマラヤ山脈　Himalayas　68,72,73,83,90,91,92
ビャークネス　Vilheim Bjerknes　26
ヒューストン　Houston(テキサス州)　46
氷　河　Glaciation　36
ヒラリー　Edmund Hillary　68
ビロクシー　Biloxi(ミシシッピ州)　38
ヒンズークシ山脈　Hindu Kush range　72

フィニックス　Phoenix(アリゾナ州)　123
プエブラ　Puebla(メキシコ)　71
輻　射　Radiation
　太陽輻射　Solar radiation　19

熱輻射 Thermal radiation 18,41,42
富士山 Fujiyama 82,83,91
ブランズウィック Brunswick(ジョージア州) 57
プレス Frank Press 70
フロリダ Florida 28,29,31
噴火口 Craters 86

米 国 United States of America 13,21,25,28,29,31,38,44,46,47,57,58,63,64,80,97,98,99,107,110,111,112,113,114,115,116,117,118,120～124
ペコス川 Pecos River 25
ベスタ Vesta 12
ベネズエラ Venezuela 96
ペルー Peru 89
ベルデ岬諸島 Cape Verde Islands 52,53
ペロンペン島 Peron Pen 89
ベンガル湾 Bay of Bengal 92

ホイップル Fred Whipple 8
ホイル Fred Hoyle 3
貿易風 Trade winds 21,22,52,61
暴風雨 Storms 30,34～37,40,60
ボスニア湾 Gulf of Bothnia 40
保 存 Conservation 104
ホノルル Honolulu 44
ポポカテペトル山 Popocatepetl 71,82
ボリバル市 Ciudad Bolivar 96
ボルタ川 Volta River 92
ボルタ湖 Lake Volta 92
ホワイト川 White River 117
ホワイトサンド国定記念物 White Sands National Monument 118
ホワイトサンドミサイル射爆場 White Sands Missile Range 107
ホワイトヘッド Alfred N. Whitehead 6
ポンチャートレイン湖 Lake Pontchartrain 47

マウナケア Mauna Kea 21
マウナロア Mauna Loa 21
マクロード湖 Lake McLeod 89
マーシャル群島 Marshall Islands 42
マダガスカル Madagascar 23
マ リ Mali 93
マリオン湖 Lake Marion 115

ミシシッピ川 Mississippi River 47,98,99,100,110
ミシシッピ州 Mississippi 38,99
南アメリカ South America 18～19,20,70,82,88,89,96
南カロライナ州 South Carolina 115

ミランダ Miranda 8

ムールトリー湖 Lake Moultrie 115

冥王星 Pluto 8,12
メキシコ Mexico 24,25,33,48,71,79,80,82,112,113,114,124
メキシコ市 Mexico City 114
メキシコ湾 Gulf of Mexico 31,39,46,47,58,99,120
メヒカリ Mexicali 112

木 星 Jupiter 7,8,10
モザンビーク Mozambique 95
モハーベ砂漠 Mojave Desert 121
モービル Mobile(アラバマ州) 120
モービル湾 Mobile Bay 120
モーリタニア Mauritania 92
モロッコ Morocco 34,56,78

ヤペタス Iapetus 10
山 Mountains 43,64,68,71～83,85,86,88

雪 Snow 64,65,72

溶岩流 Lava flows 76,86
ヨーロッパ Europe 40,78

雷雲(雨) Thunderstorms 18～19,20,22,31,37
ラジオゾンデ Radiosonde balloons 22,26,36～37,40～41

リオグランデ河谷 Rio Grande Valley 118
リオグランデ川 Rio Grande River 25
リチャードソン Lewis F. Richardson 26
リビア Libya 84,85,86
リビア砂漠 Libyan desert 100
リール岬 Cape Rhir 34

ルイジアナ州 Louisiana 47,98,99,116
ルナオービター5号 Lunar Orbiter 5 13

レッド川 Red River 116
レートン Robert B. Leighton
レビアナサンドシー Rebiana Sand Sea 84
レーマー Romer

ロサンゼルス Løs Angeles(カリフォルニア州) 121

ワンバ川 Wamba River 94

われらの地球—人工衛星写真—　　定価はカバーに表示

1975年10月15日　初版第1刷
2004年3月1日　　第6刷（普及版）

訳　者　竹　内　　均
関　口　　武
奈　須　紀　幸

発行者　朝　倉　邦　造
発行所　株式会社 朝　倉　書　店
東京都新宿区新小川町6-29
郵便番号　162-8707
電　話　03(3260)0141
FAX　03(3268)1376
http://www.asakura.co.jp

〈検印省略〉

大日本印刷・渡辺製本

ISBN 4-254-10003-5　C3040　　Printed in Japan

堀源一郎・日江井栄二郎・若生康二郎編

天　文　の　辞　典

15010-5 C3044　A5判 276頁 本体6500円

天文学に関する科学的研究により蓄積されてきた知識を簡明かつ正確に，しかも相互の関連を意識しながら解説した五十音順配列による辞典。天文学用語をはじめ，星座，人名，星表，星図，天文台・研究機関，書物など約2300項目を収録。見出し語には英語名を併記し，巻末の英語索引とあわせて英語天文用語集としても利用できるよう工夫。惑星表，宇宙旅行・人工飛翔体年表も付した。天文学研究者だけでなく，広く天文愛好家，一般の人たちにも役立つ座右の辞典

東大 岡村定矩監訳

オックスフォード辞典シリーズ

オックスフォード 天文学辞典

15017-2 C3544　A5判 504頁 本体9600円

アマチュア天文愛好家の間で使われている一般的な用語・名称から，研究者の世界で使われている専門的用語に至るまで，天文学の用語を細大漏らさずに収録したうえに，関連のある物理学の概念や地球物理学関係の用語も収録して，簡潔かつ平易に解説した辞典。最新のデータに基づき，テクノロジーや望遠鏡・観測所の記載も豊富。巻末付録として，惑星の衛星，星座，星団，星雲，銀河等の一覧表を付す。項目数約4000。学生から研究者まで，便利に使えるレファランスブック

国立天文台 磯部琇三・東大 佐藤勝彦・東大 岡村定矩・前東大 辻　隆・国立天文台 吉澤正則・国立天文台 渡邊鉄哉編

天　文　の　事　典

15015-6 C3544　B5判 696頁 本体28500円

天文学の最新の知見をまとめ，地球から宇宙全般にわたる宇宙像が得られるよう，包括的・体系的に理解できるように解説したもの。〔内容〕宇宙の誕生(ビッグバン宇宙論,宇宙初期の物質進化他)，宇宙と銀河(星とガスの運動，クェーサー他)，銀河をつくるもの(星の誕生と惑星系の起源他)，太陽と太陽系(恒星としての太陽，太陽惑星間環境他)，天文学の観測手段(光学観測，電波観測他)，天文学の発展(恒星世界の広がり,天体物理学の誕生他)，人類と宇宙，など。

内海和彦・田辺健茲・吉岡一男著

現　代　天　文　学　要　説

15008-3 C3044　A5判 176頁 本体2900円

古典的な天文学の基礎もきっちりと踏まえつつ，研究の著しく進んでいる最新の成果を盛り込んで平易に解説した入門書。大学の一般教養のテキストにも最適。〔内容〕天文学の基礎／太陽系／恒星／宇宙(銀河系外天文学)

東大 岡村定矩編

天　文　学　へ　の　招　待

15016-4 C3044　A5判 224頁 本体2900円

太陽系から系外銀河までを，様々な観測と研究の成果を踏まえて気鋭の研究者がトータルに解説した最新の教科書。〔内容〕天文学とは何か／太陽系／太陽／恒星／星の形成／銀河系／銀河団／宇宙論／新しい観測法(重力波など)／暦と時間

国立天文台 磯部琇三著

天文学を変えた新技術

15013-X C3044　A5判 176頁 本体3600円

天文学上の輝かしい成果を得るためにどんなに技術的な努力が払われたかを，平易に解説。〔内容〕天体を測るとは／望遠鏡の発明の影響／写真術によって記録する／光電子増倍管の精度／ガラス材の開発／電波・X線などでの観測／他

R.キッペンハーン著　東大 祖父江義明訳

宇　宙　と　そ　の　起　源

—銀河からビッグバンへ—

15014-8 C3044　A5判 320頁 本体3900円

銀河から，最も巨大な天体である宇宙とその起源について平易に解説。〔内容〕天の川銀河系の構造／島宇宙論争／宇宙は膨張している／フラットランドのビッグバン／星雲／電波で見る宇宙／謎のクェーサー／インテリジェントな宇宙／他

神奈川大 桜井邦朋・宇宙科学研 清水幹夫編

彗　　　星 —その本性と起源—

15009-1 C3044　A5判 264頁 本体5800円

ハレー彗星は彗星の研究に多くの成果をもたらした。この成果を十分に取込み，新しい彗星像を提示。〔内容〕ハレー彗星がやってきた／ハレー彗星の本体／軌道運動／彗星物質／塵／光学観測／起源／プラズマテイルの擾乱／歴史の中の彗星／他

阪大 高原文郎著

宇　宙　物　理　学

13076-7 C3042　A5判 184頁 本体3600円

学問的進展が激しい宇宙物理学——本書は，初めてこの分野を学ぶ学部上級生，大学院生，また他分野の研究者のために基礎概念を解説することを目的とした教科書。〔内容〕序論／星の構造／星の進化／中性子星／銀河

生命と地球の進化アトラス

I 地球の起源からシルル紀
A4変型判148ページ 定価（本体8500円＋税）
ISBN 4-254-16242-1 C3044

1 はじめに──地球史の始まり
地球の起源と特質
　●化石のでき方　●化学循環
生命の起源と特質
　●五つの界
始生代（45億5000万年前から25億年前）
　●藻類の進化
原生代（25億年前から5億4500万年前）
　●初期無脊椎動物の進化

2 古生代前期──生命の爆発的進化
カンブリア紀（5億4500万年前から4億9000万年前）
　●節足動物の進化
オルドビス紀（4億9000万年前から4億4300万年前）
　●三葉虫類の進化
シルル紀（4億4300万年前から4億1700万年前）
　●脊索動物の進化

II デボン紀から白亜紀
A4変型判148ページ 定価（本体8500円＋税）
ISBN 4-254-16243-X C3044

3 古生代後期──生命の上陸
デボン紀（4億1700万年前から3億5400万年前）
　●魚類の進化
石炭紀前期（3億5400万年前から3億2400万年前）
　●両生類の進化
石炭紀後期（3億2400万年前から2億9500万年前）
　●昆虫類の進化
ペルム紀（2億9500万年前から2億4800万年前）
　●哺乳類型爬虫類の進化

4 中生代──爬虫類が地球を支配
三畳紀（2億4800万年前から2億500万年前）
　●爬虫類の進化
ジュラ紀（2億500万年前から1億4400万年前）
　●アンモナイト類の進化　●恐竜類の進化
白亜紀（1億4400万年前から6500万年前）
　●顕花植物の進化　●鳥類の進化

III 第三紀から現代
A4変型判148ページ 定価（本体8500円＋税）
ISBN 4-254-16244-8 C3044

5 第三紀──哺乳類の台頭
古第三紀（6500万年前から2400万年前）
　●哺乳類の進化　●食肉類の進化
新第三紀（2400万年前から180万年前）
　●有蹄類の進化　●霊長類の進化

6 第四紀──現代に至るまで
更新世（180万年前から1万年前）
　●人類の進化
完新世（1万年前から現在まで）
　●現代における絶滅

定価は2004年2月現在

朝倉書店
〒162-8707　東京都新宿区新小川町6-29／振替00160-9-8673
電話03-3260-7631／FAX03-3260-0180
http://www.asakura.co.jp　eigyo@asakura.co.jp